U0740249

品成

阅读经典 品味成长

讨好型人格的人是依附于别人存在的，他的价值也是依附于别人存在的。但他的所作所为并不一定都是为了对方好，他只是想用自己的付出取悦对方，从而使对方不要离开自己。讨好型人格的人总在渴望别人能够对自己更好一些、更关注一些，继而想要让别人包容自己、关心自己，他的内心已经将自己视为了弱者。

女性的思维特点是说话会有所保留，喜欢把线索留在自己的某句话和某个动作上。男性的思维特点是"所听即所得，所见即所得"，如果男性听见女性说"不喜欢"，就会认为女性真的不喜欢。

在关系里，情绪价值是滋养关系的养分，但人自身的价值是根基。如果对方看不见我们作为个体存在的自身价值，那么即便我们有本事提供再多的情绪价值，也难以换得对方的尊重。

并不是所有人都应该请进生命里，也不是所有闯进你生命的人都值得善待和珍惜。习惯挑剔和指责的人就像一把无形的刀，不断切割着别人的自信与热情。他们似乎永远不满足，总能在别人的努力中寻找不足。

情绪

郑实◎著

价值

我陪你
我在呢
我理解

人民邮电出版社

北　京

图书在版编目（CIP）数据

情绪价值 / 郑实著 . -- 北京 ：人民邮电出版社，
2025. -- ISBN 978-7-115-65766-4

Ⅰ . B842.6-49

中国国家版本馆 CIP 数据核字第 2024HC2325 号

◆　　 著　郑　实

　　责任编辑　马晓娜

　　责任印制　陈　犇

◆人民邮电出版社出版发行　　北京市丰台区成寿寺路 11 号

　　邮编 100164　电子邮件 315@ptpress.com.cn

　　网址 https://www.ptpress.com.cn

　　文畅阁印刷有限公司印刷

◆开本：880×1230　1/32

　　印张：7.625　　　　　　　　　2025 年 1 月第 1 版

　　字数：103 千字　　　　　　　2025 年 11 月河北第 6 次印刷

定　价：52.80 元

读者服务热线：（010）81055671　印装质量热线：（010）81055316

反盗版热线：（010）81055315

你的情绪价值百万

当你翻开这本书，或许你长久以来关于情绪、关系与爱的常识和信念将会受到挑战。

在生活中，当我们提及"情绪"这个词时，往往指的是消极情绪，如"你有情绪了""不要带着情绪跟我说话""我不善于控制情绪"。但在这本书中，我要告诉你的是，情绪其实是有价值的。如果你能控制好自己的情绪，不给他人造成困扰，就已经超过了大多数人。如果你还能对别人的情绪产生积极的影响，比如当他人沮丧时，给予有效的安慰；精准给出对方想要的回应；当与人沟通时，清晰地表达自己的需求；在社交场合里不扫兴，那么可想而知，你会多么受人欢迎和喜爱。

想一下，当别人的情绪如狂风暴雨，令人心绪难平，烦躁不安时，你却情绪稳定，回应精准，进退得体，这样的你，想不被需要都难。

那么，如何才能做到这一点呢？答案就在这本书中。

在我做情感咨询和自媒体的这些年里，我接触过几千个个案。我发现，大多数人找我咨询都是为了把关系经营好，但他们不会调动对方，只是一味地付出，结果不但经营不好关系，还会满腹委屈。这其实与两个能力有关：恰当的情绪表达能力和精准的情绪回应能力。

没有人能逃开关系，因为关系能让我们在世间找到自己的位置。那些搞不清关系本质的人，难免会在关系里一败涂地，于是想要逃离关系。

生活中我们经常会遇到这样的人：他们跟父母的关系不好，成年后不敢建立亲密的关系，跟谁都无法交心，总是形单影只；他们曾经尝试过把自己托付给一段关系，可因为不懂得如何经营，最终伤痕累累，躲进"壳"里，喜欢上了独处；他们曾经对他人心怀期待，总想要通过不断地给予来换取重视和关注，却发现身边的人变本加厉地向他们索取，而从不在意他们的感受……从深层次来看，这些害怕关系的人其实是害怕面对人性，以及那些可能带来伤害、痛苦和束缚的情感联结。

我们也总能发现生活中有很大一部分人享受关系带来的快乐。对他们而言，关系是一个礼物、一个杠杆，不仅给他们带来了巨大的社会支持，还让他们活得有滋有味。在关系里，他们如鱼得水、游刃有余。很显然，这些人懂得关系的本质，也熟稔经营关系的真谛：让自己成为关系里的高情绪价值提供者。

一切关系的本质都是价值①交换。不付出任何价值的个体在关系中是不太被需要的。阿德勒曾说："所有痛苦的根源都是关系。"他认为，人天生有着对关系和归属感的渴求，如果总是不能恰到好处地经营关系，就会出现各种情绪问题。能够把关系经营好的人是懂得"价值交换是关系的本质"这个底层逻辑的。如果你能懂得这个逻辑，并且时时为关系提供养分，就能让人信任你、依赖你、离不开你。

在关系中，人的价值越大，不可替代性就越大。那些能够给他人提供情绪价值的人，往往在其社交圈里拥有着

---

① 不仅仅指物质，还包括很多精神层面的东西，本书特指情绪价值。

不可替代的地位。从价值角度来说，恰当的情绪表达能力和精准的情绪回应能力代表着你能够分担对方的情绪。如果你能做到这些，在任何关系里你都会成为不可替代的存在。

因此，在这本书中，我希望你可以学会**"情绪表达"**。掌控情绪不是靠忍，千万不要在有情绪时只懂得忽视和压抑，那样久而久之，你就可能变成一个情绪炸弹。你要学会正确地表达诉求，用好的沟通方式来滋养关系；学会用故事沟通法表达你的情绪，迅速走进对方心里。会表达情绪的人才不会受委屈。

同时，我也希望你可以学会有分寸地进行**"情感投入"**。感情里并不是谁付出得越多，回报就越多。有分寸地付出才能换来最理想的关系。只会无条件付出的人很可能把关系推向失衡的深渊。聪明的人从不幻想无条件的爱，有智慧的人也不奢望通过一味给予来换取理想关系。学会情感投入的原则才能在不委屈自己的前提下让对方重视你。

此外，我还希望你可以学会**"情绪屏蔽"**。并不是所有人都值得请进自己的生命里。我们在生活中难免会遇到情绪价值低的人，他们缺少合作意识和利他意识，心里只装着自己的感受和利益。他们很擅长道德绑架，一旦遇到善良、共情能力强的人，就会吸食对方的心理能量。遇到这样的人，我希望你学会远离和屏蔽，而不是在纠缠中度过一生。

最后，我希望你学会精准地"回应情绪"。所有的情绪背后都是需求。如果一个人缺乏归属感和爱，他就会感到孤独、失落和空虚，他需要被理解和支持；如果一个人缺乏安全感，他就会表现得紧张不安、焦虑迷茫，他需要被照顾和陪伴；如果一个人不自信，他就会表现得无所适从，他需要有人认同自己、肯定自己。顺着这样的逻辑去读懂情绪背后的需求并精准地回应，你才能接得住对方的情绪。

要知道，高情绪价值者并不会压抑自己的情绪，委曲求全。我更希望读完这本书后的你懂得"情绪自渡"，做自己的情绪价值提供者，能够用健康的方式来消化和纾解消极情绪，找到自己热爱的生活方式，不断提升自己，在任何关系中都可以进退自如。

当你能做到这些时，关系这个东西便不会束缚住你，反而可以托举你。

而你，无论是否拥有关系，都可以肆意快活地生活。

郑实

2024.2.14

目 录 ★

第二章　情绪表达：善于表达情绪，让对方更理解你

第三章　情感投入：情感投入原则，让对方更重视你

第六章　情绪自渡：高情绪价值者，从不压抑情绪委曲求全

情绪价值：

高情绪价值者，都是社交高手

> 不管你多么善良，当你没有价值时，就算你温柔得像只猫，别人都嫌你掉毛。任何人都不会因为你爱他而来爱你，对方只会因为你优秀而爱你。你的价值就是你的一切，很少有纯粹的好人与坏人。
>
> ——莫言

对于大多数人来说，被满足需求比去满足别人的需求来得更容易。于是，会有人觉得"我为什么要提升情绪价值呢？我只需要找能给我提供情绪价值的人就好了。"如果你也有这样的想法，那么你可能会在关系中处于被动的位置。

第一节 │ 没有人不需要情绪价值

所有关系的建立，都与价值互换有关。

价值有多种分类，它既可以分为隐性价值和显性价值，也可以分为情绪价值和物质价值。情绪价值与物质价值是相对的，情绪价值大多为隐性的，而物质价值几乎都是显性的。

关于物质价值，我们通常可以理解为外在价值，它涵盖了诸如个人的颜值、身材、财富状况、家庭背景等具有一定衡量标准的方面，这些构成了显性的物质价值。然而，需要注意的是，某个事物所具有的显性价值并非绝对固定，而是深受人的主观意志影响。心理学家阿德勒曾提出一个观点：事件本身并不具备决定性意义，一个人对事件所持的态度才是至关重要的。换言之，不同的物质在不同人的眼中，其价值是有所不同的。例如，世界上并不存在一个普遍公认的"最漂亮的人"，这是因为每个人对"漂亮"的定义各不相同。在一个人眼中极为姣好的容貌，在另一个人看来可能并不那么吸引人。符合某人对于"漂亮"定义的人，也不止一个。既然一个人的物质价值或外在价值具有可替代性，那么我们在关系中感受到不安全感也就不足为奇了。

"情绪价值"指一个人能否让别人情绪变好的能力。情绪价值难以估量，也不可替代，一个人给别人带来的情感感受是独一无二的。"人不如故""曾经沧海难为水"便是这个道理。如果你能为别人提供积极的情绪、正面的影响，能够给予别人鼓励、理解、信任和关心，从而使对方感到快乐、开心或愉悦，那么你的情绪价值在对方甚至周围人的眼中都会很高。当你为别人提供的积极情绪远大于消极情绪时，你便具备了为他人提供情绪价值的能力。

在一段关系里，情绪价值高的人掌握着主动权。无论是友情还是爱情，只要关系双方有至少一个人具有高情绪价值，这段关系的容错率就会很高，因为情绪价值高手就像个掌舵手，能让象征你们关系的小船稳稳当当往前开。就算偶尔有点儿拌嘴吵架等小风浪，只要他们一出手，关系也能迅速回稳，不容易翻船。

与此相反，情绪价值低的人整天散发负能量，就像船上多了个漏水的小洞。他们只懂得索取，不会修补。慢慢地，关系的小船就被负面情绪淹没了，最后可能只能眼睁睁看它沉下去。

所以我说："情绪价值高，关系稳如泰山；情绪价值低，小船说翻就翻。"

人际关系的三个阶段

人与人的关系阶段可以分为三个阶段，或者说三种状态——陌生人阶段、情感互动阶段和利益合作阶段。

陌生人之间基本不会发生互动，或者即便有互动，也很有限，比如你早晨打车上班，那你和司机之间就是陌生人状态。在这个阶段或状态下，虽然双方之间缺乏深入的情感联系和长期的利益合作，但依然存在着一系列微妙的联系。

在陌生人阶段，双方涉及信息交换和明确角色定位这些重要问题。比如作为乘车人，你有必要清楚表达自己的诉求，不给对方制造情绪垃圾。尽管这个过程中不需要掺入个人色彩和情感投入，但如果能让对方感受到善意，那对于这一场陌生而短暂的合作是有百利无一害的。相反，如果把自己的情绪发泄到司机身上，又或者在和司机沟通时言语犀利、甚至辱骂对方，那很可能给自己招致危险和麻烦。这种案例实在是屡见不鲜。

陌生人之间的关系具有短暂性和可替代性。陌生人阶段虽然看似平淡无奇，却是人际关系发展的起点。**每一段对你重要的关系，都是从陌生人关系开始的**。要知道在陌生人阶段，关系双方对对方的情感诉求和利益诉求都很小，但只有在让对方觉得有"眼缘"的人身上，才会有后续关系开展的可能。这本身就是"情绪价值是价值互换"的完美体现：**你的出现让我流连忘返，所以我期待与你的再次相见。**

因此，情绪价值低的人往往没有好人缘，也堵死了自己未来的很多可能。

情感互动阶段的关系双方具有不可替代性、排他性，但又不像利益合作阶段会因为金钱和利益产生太多的分歧和冲突。友情和爱情在很大程度上都属于情感互动型关系。在情感互动阶段，人的情绪价值尤为重要，因为它构成了关系深入与巩固的基石。这一阶段，随着双方初步建立起信任和情感连接，彼此开始更加开放地分享自己的想法、感受和需求，情感交流成为关系发展的主要驱动力。

小雨和李明因共同的兴趣爱好而相识，但真正让他们的关系升华的是彼此在情感互动中给予的高情绪价值。每当小雨遇到工作上的挫折，李明总能第一时间察觉她的低落，用温柔的言语和坚定的眼神给予她鼓励和支持。他的理解和陪伴让小雨感受到前所未有的温暖和力量，重新振作起来。同样，当李明面临人生选择而感到迷茫时，小雨总是耐心倾听，乐观、理性地为他分析利弊，鼓励他勇敢追求自己的梦想。

他们的相处中充满了正向的情绪交流。无论是琐碎的日常分享，还是深夜的心灵对话，两人都能真诚地表达自己的想法和感受，同时又能敏锐地捕捉到对方的情绪变化，及时给予回应和关怀。这种情绪上的默契和支持，让他们的爱情更加深厚和稳固。

找我咨询的很多来访者的情感烦恼往往是：觉得对方对自己没耐心；认为对方不懂自己；和对方沟通时不在一个频道上。在我的印象里，咨询亲密关系的来访者没有哪个是因为"对方没钱"而来咨询的。在我看来，这有一个很重要的原因，就是心理学上所说的"稀缺效应"。

稀缺效应（Scarcity Effect）是指当一个物品或资源变得稀缺时，人们对它的需求和价值认知会增加的心理现象。在恋爱的暧昧期，虽然两人两情相悦，但有的人内心还是缺乏安全感，害怕自己被其他人替代。这个时候，恋爱双方都会努力让对方觉得自己"值得"，有"价值"。因此，在行为层面就会用心经营自己在对方心目中的形象，比如很多女孩子在恋爱约会时会提前几个小时化妆、打扮；平日里不怎么讲卫生、爱睡懒觉的男孩子也会勤洗头发、喷香水，早早跑到约会地点甜蜜地等待对方。新鲜感和彼此珍惜促使关系双方都想尽办法去提升自己的情绪价值，让自己更有吸引力。但一旦关系稳定或者进入了婚姻阶段，两个人的心理契约甚至法律契约都已建立，这时候有些人会认为对方已成为自己的"囊中之物"，不再有失去的恐惧感，因此减少了情感的投入和关怀。**人一旦得到了，就不再珍惜的心理现象，在很多人身上都存在。**个体在获得稳定关系后，可能会因自我满足而减少对情感维护的投入。

稀缺效应还涉及一种逆反心理，即当某物变得稀缺时，人们往往会产生更强的占有欲和追求欲。但在情感中，当一方长期单方面提供情绪价值而得不到相应的回应时，可能会产生逆反心理，转而减少或停止投入。所以，**恋爱不是一个结果，而是让对方一次又一次怦然心动的过程。**更现实一些说，**爱情是双方一次次让对方爱上自己独一无二**

的价值的过程。友情也一样，一个总是给朋友带去烦恼、冷漠的人，也会让友情冷却，最终使朋友离开自己。

利益合作阶段的关系核心是利益，有利益交换，合作才有可能长久。作为服务方，能够同时提供优质的服务价值和情绪价值，那合作肯定更顺利。如果对方跟你顺利合作一次，却再也没有合作第二次，那你就要反思自己了，有可能不是自己技术、能力不行，而是情绪价值没给到位。

第二节 | 情绪价值高不高，对方说了算

情绪价值的衡量标准是对方的感受。

情绪价值低的人通常有以下两种，第一种是不懂得给予的。他们期望对方无条件地满足自己的需求，包括物质和情感上的。然而，这种单向的索取心态并不利于关系的长久发展。

任何关系都需要平衡。单向情绪索取的关系是不会长久的。你付出多少，你的回报便有多少。如果一个人什么都不付出，只想一味地索取，那么很容易让双方进入互相对抗的状态，从而搞砸一段关系。感情的经营本质其实是一种"合作"，双方在合作中维持感情，而不是针锋相对、剑拔弩张。如果你希望从对方那里得到某些东西，不管是物质上的帮助还是情感上的支持，那么你也应该相应地提

供对方所需要的东西，包括你的关心、理解和支持。相互付出有助于维持关系的平衡和稳定。

第二种是付出够多，但对方往往感受不到的。这类人明明付出了很多，但说话生硬，总是喋喋不休地数落、指责、打压身边的人。比如很多老一辈的人倾其一生为家庭付出，按常理来说，付出如此多的长辈理应受到极大的尊重，得到无限的认可与夸奖。但很多人偏偏一边付出、一边指责家人，搞得家庭成员非常不舒服，甚至对其感到排斥，产生了很多抱怨的声音。

其实，**与其用指责的方式来表达自己的需求，不如换一种方式用心经营，反正都要花时间。**骂人需要花时间，好好相处依旧要花时间，那么为什么不能把这个时间用来好好经营感情呢？恶语相向只会招致他人的反感，导致自己的付出被淡化甚至被抹杀，更换不来应有的尊重。这其实是自伤，是对自己的亏待。

在一段关系中，如果你能够精准回应对方的情绪诉求，能够消解对方的烦恼，对方就会觉得和你在一起很舒服，喜欢和你一起消磨时光，从而对你产生依赖与信任。在与你沟通时，对方也会更愿意积极地给出反馈，于是你们便产生了一个正向的循环。

那些能把感情经营得很好的人，都明白如何提供正向的情绪价值。例如，老话常说"撒娇的女人最好命"，这句话中其实蕴含着一定的道理。**"撒娇"即情绪表达，而"好命"是情绪带来的价值。**这句话可以理解为一个人用情绪价值换来了自己想要的回报。

第三节 │ 提供情绪价值，可不是曲意逢迎

有人认为提供情绪价值就是曲意逢迎，但**曲意逢迎只能为别人提供短暂的价值，长久下去会让对方忽略你本身的价值。**

曲意逢迎可以理解为"见人说人话，见鬼说鬼话"。在对方眼中，取悦成了你的主要功能，如果有一天你不再迎合，你就失去了存在的价值；你只要斗胆讲了几句不好听的真话，双方的感情就可能破裂。

想象一下，情绪价值就像你在给朋友送上一杯温暖的茶，或者在他们难过时给一个大大的拥抱。这是真心实意地关心他们，让他们感受到你的理解和支持。这样的交流让朋友之间感觉更亲近，更信任彼此。时间一长，你们的关系就像那杯茶一样，越品越有味，感情也越来越深。

而曲意逢迎呢，是你为了讨好老板或朋友，不停地说些他们爱听的话，哪怕这些话并不是你真心想说的。这就像在演一场戏，你总是在扮演别人想看的角色，而不是展现真实的自己。虽然短期内，对方可能会因为你的话而感到高兴，但他们可能并不会真正把你当回事儿，因为他们知道那些话并不真诚。

更重要的是，如果你一直曲意逢迎，有一天当你累了，或者不小心说了几句真心话，对方可能就会觉得你很奇怪，甚至觉得你以前都是在骗他。这样一来，你们的关系就可能破裂。

所以，曲意逢迎只能交换来一时的重视和好感，但高情绪价值则可以让对方享受与你交往，时间越长，你们的感情就越稳固。 随着对方对你依赖程度的加深，只要对方离开你，他就会不习惯。

前文也提到了，物质价值也叫作"显性价值"，比较简单的理解就是所有我们能够看到的价值。情绪价值则是一个人的"隐性价值"。情绪价值和物质价值有两处不同，最大的不同之处在于"显性价值"是可以被替代的，而"隐性价值"是不可替代的。世界上有家世、地位和财富的人数不胜数，但如果能够让一个人产生独特情感体验的人只有你一个，换个人，味道就变了，那么你的情绪价值就是不可替代的。

如果一个人的显性价值是颜值，那他终将会被更美貌的人取代。

我们每个人都没有办法在显性价值上做到极致，因为你有钱，永远会有人比你更有钱，你漂亮，也永远会有人比你更漂亮；而情绪价值或者说隐性价值则随着时间的推移，会让你对于他人的价值不断叠加，最后变得不可替代。经常会有人问我，"什么样的感情会稳定和幸福？"其实，一段长久稳定和幸福的感情关系，双方往往都能够精准地为对方提供情绪价值，让彼此都能够在幸福的关系中相互滋养，形成心理依赖。

物质价值更多给人带来身体上的愉悦，这种愉悦会随着时间的推移而衰减。

情绪价值所带来的是精神上的愉悦，这种愉悦比身体上的愉悦要高级得多。

有人认为想要获取情绪价值，只需要付出行动即可。其实不然，**行动也分为无效行动和有效行动，无效行动是没有情绪价值的，只有付出有效行动才能获得情绪价值。**甚至有些无效行动还会成为阻碍问题解决的有害行动。比如情侣吵架，某一方在砸碎东西后摔门而去，"砸东西"和"摔门"便是无效行动，因为这个行动并不能解决矛盾，只会让事态升级。

想要让自己的行动变成有效的，首先要明确自己的长期目标。比如你在和对方经营一段感情时，如果"让感情长久"是你的长期目标，那么你的所作所为都不能偏离这一主题，不要去做和主题背道而驰的事情。你不能任由情绪驱使你去做事，而是要对事态进行冷静评估，采取最有利于实现自己长期目标的行为。

有效行动就是在理性和感性中间找到平衡点，是能让你在现实生活中受益最大化的行动。

第四节 | 精神内核：内核稳定，才能在关系中进退自如

远古时期，基于生存与繁衍的需求，男性与女性在人类进化过程中，形成了角色与分工上的区别。

男性在进化过程中，更多承担了狩猎、保卫领地等体力密集型任务，这要求他们具备强大的身体素质、对危险的判断能力和竞争意识，以获取食物和其他资源，从而确保自己和部落的生存。这种长期的进化压力塑造了男性在创造物质价值方面的优势，使他们更擅长解决具体的生存问题，如建造住所、制作工具等，为家庭和部落提供必要的物质保障。

女性在进化过程中则更多地负责生育、抚养后代及部落内部的情感交流与维护。这一过程要求她们具备高度的

同理心、细腻的情感感知能力和优秀的沟通能力，以确保孩子和家人得到妥善照顾、保护，并在社群中建立和谐的人际关系，防止被群体孤立，从而削弱生存力。

因此，女性逐渐发展出了在情绪表达、理解与支持方面的特长，能够提供情绪价值，增强家庭凝聚力，促进家庭成员间的情感联系。

当然，随着时代的发展，当今社会男女分工慢慢变得不再这么泾渭分明。女性在职场上发展很好，很多女性也能扮演赚钱养家的角色。大部分的工作职位也不再只属于男性。男性需要适应这一变化，展现出更加灵活和多元化的角色定位，比如，男性在情感支持能力、照顾家庭的能力方面也应有所进步。

关系的核心是价值互换。在我们这个社会，大部分人都有一定的物质价值创造能力，通俗地说，谁离开谁都不会饿死。提升自己的情绪价值，才可以在茫茫人海中成为不被忽视的存在。

关于提升情绪价值，有两个基本认知前提：

第一，不做负面情绪的提供者；

第二，清楚自己的价值。

先说第一条。我们只有做到不提供负面情绪，才能开始考虑如何提高正向的情绪价值。

什么是负面情绪的提供者呢？这类人喜欢指责与打压人，总拿自己身边的人与别人相比，甚至拿身边的人的缺点去和别人的优点比较；他们遇事便"甩锅"，常说"如果不是你，这件事根本不会这样发展……"这类的话；他们习惯以恶意揣测别人，只要事情没有按照他们的预期发展，他们便会说："当初我就知道……""你肯定是想……"

这类人不明白的是，**指责并不会让糟糕的事情变好，只会让关系越来越差。**他们在问题还没解决之前便大肆发泄负面情绪，让双方在一瞬间沦为对立面，他们给对方的感觉，不是在解决问题，而是在无理取闹。

爱是细节，伤害也是细节，负面情绪堆积过多必定会导致关系破裂。所以，遇到问题要做问题的解决者，提供解决问题的方法，而不是一味指责。

再说说第二条。看不清自己价值的人会沦为讨好型人格，不论面对谁都吃力不讨好；而清楚自己价值的人则是自我情感的主宰者，他们掌握着话语权和主动权。

我们需要明白一件事，**提供情绪价值不等于讨好对方**。讨好型人格的人会不断满足对方的需求，他们的逻辑是：**我满足对方了，对方就会喜欢我；如果我不顺从对方，对方就会讨厌我**。讨好型人格的人是依附于别人存在的，他的价值也是依附于别人存在的。但他的所作所为并不一定都是为了对方好，他只是想用自己的付出取悦对方，从而让对方不要离开自己。讨好型人格的人总在渴望对方能够对自己更好一些、更关注一些，继而想要让对方包容自己、关心自己，他的内心已经将自己视为了弱者。**讨好型人格的人内心的想法是：我不能提出需求，因为我不配，我只能通过无限的付出来换取对方对我的好**。

清楚自己的价值并且能给他人提供情绪价值的人则完全相反，他能够觉察对方的需求，从而主动满足对方；他发自内心地欣赏对方、关心对方、保护对方，对对方所做的一切都没有所图，是心甘情愿的。情绪价值提供者潜意识里把自己当作强者，他给予情绪价值是不计回报的。但当他不想给予时，也可以潇洒收起。他可以做到全凭内心，收放自如。

如果把两者进行对比，我们可以简单地理解为：

讨好型人格的人的心声是——"我想要你对我好，所以我这么做"。

有独立内核的高情绪价值者的心声是——"我想对你好，所以我这么做"。

情绪价值提供者的精神内核一定是独立的，他有着丰富的社交生活与兴趣爱好，有自己的生活节奏；他能够决定自己是否要给对方提供情绪价值、是否要让对方开心、是否要满足对方的需求、是否要帮助对方……他不会斤斤计较，也不会计算自己的沉没成本，因为他知道自己的价值一直都有，不是因对方而存在的。

提供情绪价值是为了让关系更好，而不是为了依附于

对方。

　　想要做到这一切，就需要满足一个前提，那就是让自己保持能够随时离开的状态，即随时能够抽身退出，把一切话语权和选择权掌握在自己手里。当对方不满意自己或这段关系时，自己可以随时转身，绝不拖泥带水。

第五节 ｜ 情绪价值可能是解药，也可能是毒药

　　许多人在追求情绪价值的过程中，容易陷入一个常见的误区：将情绪价值简单地等同于甜言蜜语或表面的温柔。然而，真正的情绪价值远不止于此，它源自内心的真诚与关爱，是人际关系中不可或缺的滋养剂。

　　当我们将情绪价值视为一种交易手段，试图用它来换取对方的物质或情感回报时，这份价值便失去了其本质的意义，变得扭曲而虚假。

　　产生以下几种错误认知的人，就有可能提供不了真正的情绪价值。

第一种错误认知：情绪价值是甜言蜜语

很多恋爱中的人常有这样的表现：当自己好言好语为对方提供了情绪价值，而对方仍然达不到自己的要求时，就会觉得扫兴，甚至与对方冷战。有这种心理的个体陷入了一个误区：将情绪价值视为换取物质价值的筹码。实际上，情绪价值是关系中不可或缺的润滑剂，它应当是出于真心与关爱的自然流露，而非精心设计的交易手段。无论是男性还是女性，都不应将自己的需求隐藏在甜言蜜语之后，试图以此换取物质回报。

健康的关系建立在相互理解、尊重与坦诚沟通的基础上。如果某一方有特定的需求或愿望，直接而诚恳地表达出来往往更为有效。这不仅有助于避免误解和不必要的冲突，还能促进双方之间的信任与亲密。

因此，无论是男性还是女性，都应当学会在关系中保持坦诚与真实，避免使用糖衣炮弹来掩盖自己的真实意图。记住，**真正的爱是基于对彼此的全面接纳，而非仅仅局限**

于物质上的给予与索取。

第二种错误认知：情绪价值是扭曲的夸奖

扭曲的夸奖本身就是情商低的表现。这种夸奖并不是真正的、能让别人高兴的"夸奖"。它分为两类，第一类是在变相彰显自身的优越，第二类是在间接表达自身的不满。

第一类夸奖看似在夸奖对方，但其实是在指出对方的毛病，同时给自己脸上贴金，这种所谓的夸奖实际上是在强调对方不好，进而彰显自己的包容。

第二类夸奖其实是在宣泄不满。

有位妈妈十分注重孩子的学习，也总希望通过鼓励和夸奖来激发孩子的自信心和学习动力。但在孩子看来，她的每一句夸奖都带着一个更高的要求，让孩子十分有压力。比如孩子在学校完成了一幅自认为非常漂亮的画作，满心欢喜地拿回家给妈妈看。妈妈看到后说："嗯，这幅画颜色用得还行，但线条还不够流畅，如果你能再努力一点儿，肯定能画得更好。如果能把这种劲头用在文化课学习上，就更好啦！"

孩子听完这样的话，会有怎样的感受？原本期待夸奖的喜悦瞬间消失了大半。他感到自己的努力并没有得到妈妈的完全认可，反而像在被挑剔不足。这样的"夸奖"让他觉得，无论自己怎么做，都达不到妈妈的期望，从而产生了挫败感和自我怀疑。

想要夸奖别人和给别人情绪价值，自己首先要有一个稳定的情绪。只有稳定住自己的内核，才能给别人带来情绪价值。

会处理自己的麻烦，才能解决别人的问题。当自己不舒服的时候，要先处理自己的负面情绪，大大方方地表达出来。在情绪回落到稳定的区间后，再去和对方沟通，这样才能提供情绪价值。

第三种错误认知：情绪价值是角色的错位

角色的错位，在于没有摆正自己的位置。这类人的行为总是打着"为你好"的旗号去干涉对方，可以称之为"过度关怀的陪伴者"。

这类人的初衷或许出于善意，但在表达上超越了适宜的界限。有些父母在孩子高考后报志愿时，会横加干涉。这种方式剥夺了孩子自主决定的权利，很容易转变为一种无形的压力，让孩子想要逃离。

这样的过度关心实际上是一种控制，久而久之必定会让对方厌恶。这样的人做出的所谓"爱的举措"实际上都只是为了成就自己的价值体系，是把自己的控制欲戴上了一个面具，将自己的价值取向强加于人。

无论两个人之间是多么好的关系，尊重对方的个人空间与隐私至关重要。过度的介入，无论是出于好奇、关心还是其他动机，都可能在不经意间触碰到对方的敏感地带，引发对方的反感与不安。长此以往，这种情感上的"越界"不仅会让被关怀者感到被束缚和不适，还可能破坏原本和谐的关系氛围，使得双方都变得紧张而谨慎。

如果你身边有这样的人，是时候让他停止了。要清楚一点：**对方在你的生命中很重要，但再重要的人都无权干涉你的私人空间和私人生活。当然，我们也不要让自己成为这样的人。**

如果你是这种人，那么你需要及时收手了。你可以给对方提建议，但不要给对方下命令，不是只有你有话语权，对方也有。你要去倾听对方的想法，而后共同想出一个万全之策，这样才能让彼此都满意，从而促使双方关系更趋于和谐与稳定。

第四种错误认知：情绪价值是高高在上的赞美

居高临下的赞美不会为别人提供任何情绪价值，只会让人感到极其不舒服。

例如丈夫为妻子做了一顿饭，妻子说："做得不错，以后再接再厉吧。"丈夫听后会做何感想？会快乐吗？显然不会。居高临下的赞美，会让被夸赞的一方感觉处于低位，心生不悦。

一个人想要给出对他人高情商的赞美，一定要满足两点：一是看到事情的本质，二是表达自己的感受。

看到事情的本质，也可以理解为看到对方在这一事情中的态度。比如你的爱人为你做了一顿浪漫的晚餐，那么事情的本质是对方很用心地表达爱意，你要捕捉到对方体贴、浪漫的用心。接下来是表达感受，比如对他说"我感觉好幸福"。用这样的表述才是平等关系之间的夸赞。

你需要远离习惯居高临下赞美别人的人，也要避免自己成为这样的人。

居高临下地赞美别人，本质是在进行心理补偿，补偿的是自己的自卑心。自卑发展到一定程度会形成优越情结，人会因此做出各种不合理的行为。

自卑并不是坏事，正是因为感到自卑了，人才能超越自卑。如果你正感到自卑，不妨正视自己、接纳自己、提升自己，如果能够做到这一点，你便能开始为他人提供正向的情绪价值了。

第六节 | 感情是两相情愿的合作

感情关系中也是存在博弈的，但和经济学上的博弈不同。经济学上的博弈是运用各种手段和策略，达成自己的最终目的，而感情关系中的博弈最终要形成合作共赢的局面，获利的主体是双方，缺一不可。

想要在感情中实现双赢，核心在于"合作"。亲密关系中，这一点表现最为明显，因此我们用亲密关系来举例。

当双方都互有好感，决定交往后，双方必须都展现出强烈的"合作"意愿，都要拿出积极友善的诚意，发誓绝不背叛对方，否则后续发展就无从谈起。

第一回合，你需要确定你们是否能够合作。下一回合，你要确定你们如何继续进行，这取决于上一回合你们的合作状态。当对方出现不合作的倾向时，你自己也不要吃力不讨好地单方面维持；你要终止合作，展现出自己的锋芒。如果你没有留恋，那么你可以选择转身离去；如果还有回头的余地，那么你也可以选择宽恕，但前提是对方已经停止了不合作的倾向，且展现出了悔改的诚意。

人单凭自己的热情和信念，是不足以支撑一段关系的。**任何关系的维持都需要遵循一个底层逻辑——对方的某项行为应该被你给予相应的、匹配的回应，以此实现关系的平衡。即我对你好，但如果你对我不好，那我也绝不会再对你好，就是这么简单。**

无论你对对方有多大好感，关系的建立都不是一厢情愿的，对方对你的态度和付出的程度，才是决定你在这段关系里投入多少的准则。

简而言之，**你的投入要和对方的投入相匹配**。如果对方表现不好，你可以随时停止自己的付出。从你的角度来看，如果对方不合作，就会失去你的优待，这样才能维持双方关系的和谐。这，就是维持任何一段亲密关系的准则。

当然，人也不能"双标"。如果自己选择了不合作，那么对方也有资格做出调整。

第二章

情绪表达：

善于表达情绪，让对方更理解你

> 没有收拾残局的能力，就别放纵善变的情绪。
>
> ——稻盛和夫

学会表达自己，才能在人群中不被忽视。

学会用技巧说出自己的心声，并让对方愿意听、愿意配合、愿意靠近自己，才是高情绪价值者的能力体现。

当你能理解自己、看见自己的需求，并表达出每一个想法、每一份情感，你才可以在人际关系的征途中无坚不摧。

第一节 | 用复合型思维理解对方

我们大多数人习惯从单一、特定的角度来看待问题，人们之所以习惯于这种思维方式，是因为单一思维有利于我们快速得出结论，提供行动方案，但这很容易导致我们的观点片面，解决不了多元复杂的问题。与这种单一思维相对应的是复合型思维。"复合型思维"指的是能利用多种思考方式，以及从不同的角度来看待问题的思维。

单一思维通常只能对问题进行简单处理，缺乏对事情全景和整体的思考，而复合型思维既能帮助我们从不同领域、文化角度思考问题，还能帮助我们从不同层面的细节思考问题；它不仅有助于形成新的观点，还能够使我们更好地理解和应对复杂的问题。在处理复杂的关系问题时，更全面、灵活、准确的复合型思维就显得尤为必要。

在生活中，我们跟异性打交道时尤其需要复合型思维，这是因为**男女两性的思维方式与处事风格是截然不同的。**知名的两性情感专家约翰·格雷曾提出，男性更喜欢沉默，女性更喜欢沟通；男性更趋于理性，女性更趋于感性；男性更喜欢解决问题，女性更喜欢表达情绪。

男性与女性生活在两个不同的世界中，男性说着"男性语"，女性讲着"女性语"，想要和异性沟通好，就一定要学会站在对方的思维层面去表达自己。

英国著名现代主义与女性主义先驱作家伍尔夫曾说："伟大的灵魂，都是双性同体的。"她同时在作品《一间只属于自己的房间》中说："我们每个人都受两种力量的制约，一种是男性的，一种是女性的。在男性的头脑中，男人支配女人；在女性的头脑中，女人支配男人。正常的和适宜的存在状态是两人情谊相投，和睦地生活在一起。如果你是男人，头脑中女性的一面应该发挥作用；如果你是女人，也应与头脑中男性的一面交流。"

本书是专门写给渴望具有高情绪价值的女性的，因此很多的建议更多是从女性获得的视角来写的（但这并不意味着男性不需要自我成长）。

所以，女性如何使用复合型思维让自己在别人面前自信表达呢？

首先，女性要懂得理性思考，感性表达。

在处理人际关系时，女性应当巧妙融合理性思考与感性表达。女性自然拥有出色的共情能力，擅长以温柔的话语慰藉人心。然而，在他人面临困境时，单纯的情感支持往往不足以解决问题，他们更需要的是基于理性的分析和实际建议。

因此，我们需要先以冷静的头脑审视问题，深入剖析其本质，确保我们的回应既有深度又具针对性。随后，再运用我们的感性力量，以真诚和同理心去表达我们的理解和支持。

也就是说，思维不能只有理性，也不能只有感性，而是要将二者有机结合，用理性引导感性。理性有道理，但过于冰冷；感性有情绪，但不利于解决问题。所以我们需要理性地切入问题，把问题分析明白了，然后再感性地表达感受，即由理性的分析，转到感性的表达。

纯理性回应

情境：朋友在工作中遇到重大挫折，向你倾诉。

回应："这个问题的关键在于你需要重新评估你的工作策略，找出失败的具体原因。我建议你制订一个详细的改进计划，并寻求上级或同事的反馈，只有通过系统性的分析和调整，才能有效解决问题。"

分析：此回应完全基于理性分析，提供了具体的解决方案，但可能忽略了对方的情感需求。

纯感性回应

情境：同样，朋友在工作中受挫。

回应："哎呀，别难过了，我知道你一直很努力。这种事情谁都会遇到，别太放在心上。我们一起出去散散心，吃点好吃的，心情就会好起来的。"

分析：此回应充满了同情和安慰，但缺乏实质性的建议，可能无法真正帮助对方解决问题。

理性分析＋感性回应

情境： 还是这位朋友在工作中受挫。

回应： "我完全能理解你现在的心情，面对这样的挫折，任何人都会感到沮丧。但你知道吗？这正是我们成长的机会。我们可以一起坐下来，分析一下这次失败的原因，看看是哪些环节出了问题。同时，我会一直陪在你身边，支持你，鼓励你。我相信，以你的能力和韧性，一定能够改进工作策略，制订一个更详细的计划，重新站起来。"

分析： 此回应首先以同理心认可了对方的情感，然后转入了理性的问题分析，最后再次以感性的方式表达了对对方的支持和信任。这种方式既照顾到了对方的情感需求，又提供了实质性的帮助，是更为全面和有效的沟通方式。

试想，谁不渴望身边能有这样一位既能理性地给予坚实支持，又能成为最贴心的可依靠的人呢？

其次，要利用人性的竞争性。

为什么人在关系中会想要制造点儿"小紧张"，或者保留一些"小秘密"呢？

人都有那么点儿"小心思"，不希望自己在别人眼里变得太"透明"。就像玩游戏时，如果一开始就把所有底牌都亮出来，那游戏还有什么好玩的？在关系中也是一样，保留一点儿神秘感，能让对方对你保持好奇和兴趣，这样关系才能持续有新鲜感。

人都有"怕失去"的心理。当你对一个人毫无保留地付出时，可能会让对方觉得"你已经是我的了，不用再费心经营这段关系"。但如果你偶尔表现出"其实我也有很多选择"的样子，对方就会有点儿紧张，怕你真的离开他，从而更加珍惜你。这种"小紧张"其实就是一种危机感，它能让关系更加稳固。

每个人都有自己的小空间和自由。即使在亲密关系中，我们也需要一些独处的时间和个人的兴趣爱好。如果你总是围着对方转，没有自己的生活和圈子，那么这段关系可能会变得压抑。保留一些个人空间和时间，不仅能让自己保持独立和成长，也能让对方更加尊重你的个人边界。

因此，制造点儿"小紧张"还能让关系更加有趣和刺激。就像看电视剧一样，如果剧情太平淡无奇，观众很快就会失去兴趣。在关系中也是一样，如果总是风平浪静、毫无波澜，那么关系可能会变得乏味。偶尔制造一些小紧张、小挑战，能让关系更加有趣和充满激情。

第二节 ｜ 不要让对方做"阅读理解题"

恋爱的双方有时很难理解对方，这是因为男女的情绪感受截然不同。

如果把情绪价值比作建筑，男女的感情观就是建筑的地基。关系中的双方认知能力再强，如果地基没有打好，即便增加再多的装饰，楼房也还是非常容易崩塌。

想要把感情维系好，就需要了解男女的情绪感受差异。

下面举一个由送礼物事件产生感情矛盾的例子，来分析男女感受情绪的不同。

一个女孩和男朋友外出逛街。女孩相中了两枚戒指，这两枚戒指都很精美，此时女孩犯了选择困难症，于是征询男朋友的建议。她的男朋友也分不出来哪个更好，只是说："都挺好看的，看你喜欢哪个了。"

因为难以选择，女孩决定再逛逛别家，可是转了一大圈也没有遇到合适的，最终只好又返回了这家店。男朋友见女孩依旧无法取舍，就说："要不两个都买吧，我买下给你做礼物。"听到"礼物"两个字，女孩顿时心花怒放，她想到情人节很快就要到了，自己如果能收到这两枚戒指，那真的很浪漫。可女孩还是想让情人节的礼物保留一些惊喜和仪式感，便假意说"算了，不要了，感觉这两个戒指和我的衣服都不搭"。内心想的却是："我们走后，你把这两枚戒指都买下来，在情人节那天送给我吧。我相信，你会懂得我的想法。"

在女孩惦记了许多天后，情人节终于到来。这一天男友给她的礼物用一个精美的盒子装着，沉甸甸的。女孩感觉有些不对劲，拆开后发现果然不是戒指，而是一套护肤品。男朋友得意扬扬地表示这套护肤品是自己在请教了许多女同事后挑选出来的，男友还说："这套护肤品有祛痘功效，你不是长痘痘吗？用了这个以后痘痘肯定很快就没有了。"

听到这里，本就失望的女孩突然大发雷霆。她觉得男友实在是太过分了，自己已经那么多次表示喜欢的是戒指，可对方非但没有送自己戒指，还说自己的痘痘问题。她怒道："嫌弃我有痘痘，你就去找别人，我不需要你帮我治痘！"

男友听到这里完全愣住了，委屈和愤怒顿时同时涌上心头。自己的好意完全被辜负了，女孩不感谢、不夸赞也就算了，反而无理取闹，真是莫名其妙！于是顿时爆发了争吵，两人很快就不欢而散了。

二人冷战了几天后才渐渐缓和矛盾。在下一次见面时，男友问及女孩当天生气的原因，女孩坦白道："我想要的是戒指啊，你送我护肤品干吗……"

男友极其费解："你不是说不喜欢戒指吗？你说和你衣服不搭啊。"

女孩立刻打断他的话，说："弦外之音你听不出来吗？风格不搭什么的只是借口，我如果不喜欢戒指，能看这么多次吗？"

"你最后明确地说'不要了',谁能想到你其实说的是反话啊?"

"咱俩认识这么久,你难道连我的心思还猜不出来?!"

......

最后,两人再次爆发了争吵,于是又是不欢而散。

发生这样的事情无关乎两人的关系状态,也无关乎年龄和阶层,这是一部分男女相处过程中的一个缩影,很多女性会用自己的主观思维去理想化自己的另一半和感情。有的女生总是认为男生会理解自己的感受和想法,结果却是男生没有真正理解自己的需求,所以女生感觉很失望。

可是,大多数男生是不会精准捕捉女生的想法的,因为男女的思维有很大差异。男女的关注点不一样,男生不可能精准猜到女生有什么情绪变化。

女生这种不明确地表述感受,只想让男生捕捉自己的所思所想的行为,本质是希望自己像小孩子一样被男生关怀,这背后的逻辑是女生希望自己被无条件照顾。女生让男生猜自己的想法,这本身就不是最佳沟通方式。这会让男生焦头烂额，男生每猜错一次，女生的失望就多一分，这在心理学中被称为"不合理信念"，双方的矛盾也因此会越积越多。

女生的思维特点是说话会有所保留，喜欢把线索留在自己的某句话语和某个动作上。男生的思维特点是"所听即所得，所见即所得"，如果男生听见女生说"不喜欢"，就会认为女生真的不喜欢。

把视角切换一下，男友的视角是这样的：

男生陪女友逛街，本身就很不情愿，因为他心里想的可能是，自己最讨厌陪别人逛街了，费时费力、漫无目的，纯属浪费时间，还不如在家玩游戏呢。但是为了做一个好男友，这些不算什么，而且如果不陪伴，女友肯定会生气的。

逛街的时候，女友看好了两枚戒指，但一直选不出来买哪一个。女友问男孩建议时，男孩是在认真思考的，可是这两枚戒指不论是款式还是图案都没有太大区别，自己只好说"都好看"，毕竟这是一个很保险的回答。

女友因为选不出来而决定不买了，那男生只好陪她继续逛。可是逛了许多家也逛不出个结果，男生有些不耐烦，但又不好意思说什么。最后女生又回到了最初的那家店，男生感觉非常尴尬，都不好意思直视店员，因为来了两次却都不买。于是男生决定干脆把两枚戒指都买下来，这样这件事就可以告一段落了。女生却说戒指和自己的衣服不搭，这让男生一头雾水，心想：这是什么意思？是要再买衣服？还是单纯地不喜欢这个戒指了？究竟是喜欢还是不喜欢呢？

男生转念一想：她应该是真不喜欢，因为喜欢的话应该会直说。既然不喜欢，那就走吧……真的很烦，反复试却不买，好尴尬，每次逛街都是这样。

回去后，男生把戒指迅速抛之脑后。情人节将近，男生开始回想女生喜欢什么，他突然想起最近女友总是说她自己开始爆痘了，很影响颜值，于是男生便询问好几位女同事哪款护肤品的祛痘效果最好。最后男生挑选了最贵的那一款，心想：她这么爱美，我买这个肯定没错。

可是没想到给出礼物后，女友却大发雷霆。男生既委屈又难堪，他觉得女友是在无理取闹。明明是女友前几天说她自己爆痘了，给她买这个护肤品也是顺理成章的，自己花了心思给她准备礼物，没有功劳也有苦劳，结果她丝毫不领情，还说什么让我去找别人，真让人生气！

　　过了几天，二人和好后，男生去问女友，结果又被女友指责"不懂自己"。这怎么可能懂？是女友当时自己说不想要了的，她说得那么认真，谁能想到是正话反说？谁知道她的话是真是假？！

第三节 | 正确表达所求，才不会失望

继续探讨上述的问题。在亲密关系中，应该怎么表达诉求，才不会失望？正确思路是：如果你既想在收礼物的时候得到惊喜，又担心另一半给你的礼物不合心意，那么你可以和对方各自列一张自己期望收到的礼物清单。如需送礼物，你们可以在清单里挑选。虽然惊喜程度会有所下降，但不会下降太多，更不会出现偏差，这样至少能够让你们保持默契，从而让关系更加和谐。

在男女的相处模式中，"打地基"是很累的，想要捕捉对方的情绪感受谈何容易？

一个人所想的和所说的会存在偏差，所说的和对方听到的也有偏差，对方听到的和对方理解的还有偏差。所以，即便两个人绞尽脑汁地沟通了，也难免会有误解。沟通都

会存在误解，沟通一半或不沟通岂不是误解更大？

在上面的案例中，男生一直在猜测女生的需求，这种相处模式就是错误的。猜对了皆大欢喜，猜错了就会激化矛盾。很多男生是不善于表达的。男生不会把自己的所思所想都事无巨细地讲出来，只会流露出无语、气愤、委屈等情绪。

我们都希望自己被别人理解和尊重，因为这是一种让人感受到被爱的体验。**但是一个人"爱你"，不代表他就一定能"懂你"。**"懂"是一种默契，心照不宣的配合需要长期相处后才能实现。在这之前，女生要做好沟通工作，要把自己的行为和需求解释清楚，从而帮助男生更好地理解她。

在"打地基"时，女生要充分表达自己的需求，只有表达清楚了，男生才能懂得如何去爱你。例如，告诉对方你喜欢吃什么菜，这样他下次就知道怎么给你点菜了。如果你不说，他可能会猜错，然后你们之间就会有误会。所以，沟通很重要，它能帮助对方更好地了解你，也让你更了解对方。

　　其实，不只是恋爱关系，我们生活中的每一种关系都需要沟通。例如，你和同事一起工作，你要告诉他你的任务是什么，需要他怎么配合你；你和朋友出去玩，也要商量好去哪里玩，玩什么。如果大家都藏着掖着，让对方去做"阅读理解题"，那肯定会出问题，产生矛盾。

　　记住，大方表达自己是解决问题最好的方式，也是避免冲突的秘诀。

第四节｜故事沟通法，让你迅速走进对方心里

如果你没有办法知晓对方的内心状态，也没有办法捕捉到对方的情绪，那就要学会"讲故事"。

讲故事是一种交流的方式，可以体现你对他人的理解，亦可以体现你的三观。朋友也好、亲密关系也罢，所有的关系都是需要交流的，如果你不喜欢交流，就没法和别人构建起良好的关系。

故事沟通法是门槛最低、见效最快的社交方法。讲故事可以迅速构建自身亲和力，从而拉近你与对方的距离。肯定要先讲你自己的故事，由你的故事来引出他的故事，而后你需要扮演的就是一个倾听者的角色了。一旦对方开始讲起自己的故事，便意味着你们的距离拉近了。如果对

方不愿意为你讲自己的故事，说明你们的关系还较远。

讲故事有助于建立舒适的相处模式，话到投缘时，对方会觉得你这个人很有趣，于是便会喜欢上与你相处。

有一点需要注意，讲故事的时候不要太"油腻"，展现太浓烈的个人情感，不要自我感动、自我吹捧、自我炫耀，以免让对方心生反感。而且在讲述时要基于对方的反应做好调整，切忌"自嗨"到对方"尴尬得抠脚趾"。

你在讲故事的时候要把自己的内在思想与长处表现出来。比如你可以讲你在国外旅行时的一些有趣经历，从而体现你的洒脱与见多识广；你亦可以讲一讲你和宠物之间的相处故事，从而显露你温婉感性的一面。你所讲的故事无论是跌宕起伏的还是平淡无奇的都可以，你只需要真诚地袒露自己的心声即可。你只有把自己的心打开，别人才能够走进来，才愿意向你袒露心声。而对方对故事的共鸣程度和反应，其实就是考察你们之间能否匹配的尺度。对方欣赏你、对你感兴趣，未来你们的关系才有进一步加强的可能。

在你的故事讲完之后，一定要有一个过渡，这一点非常重要。你需要从一个话题引向下一个话题，一个你们都有共鸣的话题。比如当你讲完自己的感情经历后，你可以话锋一转，说："那你呢？你愿意谈谈你的感情经历吗？"

学会了这些，你一定能够成为一个深谙沟通之道的人。当你懂得控制自己的情绪，同时又懂得了解别人情绪的时候，你便拥有了较高的情绪价值。

第五节 | 好的沟通滋养双方，
坏的沟通滋生恨意

每一次好的沟通都是滋养，每一次坏的沟通滋生的都可能是恨意。

在关系的经营当中，最重要的环节就是沟通。沟通效果的好坏决定着一段关系能否长久顺利地走下去。

沟通能力属于情商范围，而聊天是沟通中的一个具体体现。**"不会聊天"**的人绝对不是一个情绪价值高的人。要做到"高情商"与"会共情"是人终其一生都要面对的课题。我们上学时要与同学沟通，上班时要与同事沟通，恋爱时要与伴侣沟通，生育后要与子女沟通……一个人如果不会沟通，就说明这个人情商的提升还有较大空间。很多人的感情之路不顺，人缘不好，有时并不是因为遇人不淑，而是因为自己根本不会沟通，于是搞砸了一段又一段的关系。

想要实现与人高效沟通，需要从两个层面入手：

第一个层面，是让自己懂得闭嘴。

第二个层面，是让自己睿智开口。

本节我们主要讲第一个层面。关于第二个层面，下一节阐述。

如果不清楚哪些话该说，就先弄清哪些话不该说。如果自己总是说话太直，那么不如先不说或少说。毕竟不做错事，比做对事更重要。尤其是你在某个领域没什么经验甚至存在短板的时候，停止行动、不去做事，能够杜绝最坏的情况发生，这便是"藏拙"的智慧。

就像海明威在作品《丧钟为谁而鸣》中说的那样："我们花了两年学会说话，却要花上六十年来学会闭嘴。大多数时候，我们说得越多，彼此的距离却越远，矛盾也越多。"

人和人的沟通是存在心理界限的，想要学会聊天，就要先学会闭嘴。

以下有几则关于如何藏拙的建议。

不要在关系上发展太快

我们要根据情感的不同阶段去聊天，要有明确的心理界限。有些人在感情中跑得太快了，在刚开始就深入，这是一个大误区。

比如两人初识，聊得投机固然好，但不能因为投缘而太不见外地以对方的男女朋友自居，把自己当成"准伴侣"。这种情感升温过快的做法很容易把对方吓跑。

这时候的关系充其量是朋友之上、恋人未满，也就是说比朋友多一份亲密，但远未达到伴侣的程度。因此，别用伴侣的标准去约束对方，比如要求对方秒回信息或随时待命。这样的期待可能会让对方感到压力，甚至产生逃避的念头。

在这个阶段，保持适当的距离和神秘感尤为重要。别一股脑儿地把自己的一切都展现在对方面前，留点儿余地，让对方有探索你的欲望。同时，也要注意自己的言辞，别聊得太深入，触及对方可能不愿触及的领域。

总之，感情需要慢慢培养，就像酿酒一样，时间越久，味道越醇厚。所以，请给彼此一点时间和空间，让感情在自然而然中逐渐升温。

如果你能保持边界感和分寸感，你就能够在一段关系刚萌芽时增添神秘感，由此激发对方的探索欲。

别散播负面情绪

谁都爱靠近乐观阳光的人。与这样的人相处，心情都能跟着变好。反过来，谁也不愿意整天听人抱怨这抱怨那的，对吧？

任何人都不喜欢身边有个"负能量发射器"。老是听到别人吐槽这个、抱怨那个，真的挺烦人的，就像耳边总有只苍蝇嗡嗡叫，让人不得安宁。

有时候，我们可能会误以为伴侣是无所不能的情感支柱，朋友是自己的心情充电站，父母永远有时间接听我们的电话，他们总能无条件地承载我们的所有负面情绪。但实际上，这样的期待是不公平的，也是不健康的。无论是谁，都需要有自我疗愈的空间和时间，而不是将他人当作情绪的"垃圾桶"。如果你习惯散播负面情绪，把别人当作情绪垃圾桶，时间一长，对方可能会觉得你是个"情绪黑洞"，一靠近你就觉得心情变差，连跟你聊天都提不起劲来。

因此，我们都应当学会自我调节情绪，避免给身边的人过度散播负面情绪。在遇到困难或不如意时，可以尝试通过运动、阅读、冥想等方式来排解压力，而不是一味地向身边人倾倒苦水。同时，也要学会倾听和理解对方的感受，这样，不仅自己心情会变好，也能让周围的人感觉更舒服。

不要暴露太多的需求感

聊天可以，但要适可而止。不要在各个时段无休止地和对方说话，更不要对方回你一句，自己就立刻开始滔滔不绝地长篇大论。这种行为会让对方压力很大，因为这是在变相地想要绑住对方。当你口若悬河的时候，很容易就说出自己的种种需求。

很多人都是这样对对方失去兴趣的。比如自己刚和对方开始构建关系，对方就经常说个没完，就算明确表示自己要去忙，对方还是停不下来。

总之，**不要做个嘴停不下来的人，更不要做个时常表达需求的人。安静下来，你能变得更深沉，也会变得更有魅力。**

不要表现出自卑倾向

很多人总是在恋爱时表现得很自卑。只要对方条件比自己好，就觉得对方是高高在上的，认为自己配不上对方，把自己变成了一个仰望者。总是问对方"你会不会嫌弃我""我是不是哪里做得不好""你不会觉得我很烦吧""你不会看不起我吧"……

如果你总是这样，那么你在关系中就已经处于了劣势地位。你在沟通时变得小心翼翼，时常患得患失，对方稍微对你好一些便受宠若惊。久而久之会让对方觉得你很低级，对方会不自觉地认为"嗯，我好像确实比你强很多"，继而开始故作姿态。

要知道，感情是双向奔赴的。对于任何关系，经营的本质都是价值平衡。你能够和对方在一起，对方能够选择你，说明你们的某些价值是对等的，只不过你没有意识到而已。如果你没有价值，对方为什么会走近你呢？所以，你完全没有理由自卑，你可以理直气壮地自信起来！**不表现出自卑倾向，你就不会处于劣势地位。**

第六节 | 如何做到"睿智开口"

一个很讨喜的社交行为，是夸奖对方。你应该学会夸奖。

拉满情绪价值这件事，禁止任何人做扫兴者。试想一下，当你工作完成得不错，领导在会上说："小赵的工作完成得很好啊！真是令人刮目相看啊，改天给大家分享下经验，大家都学习下啊。"这时候你回应："哎，早知道要被派活儿，我就不这么主动了。"面对这样的回应，领导会气晕吧？夸奖要相互捧场。

但是夸奖也不能生硬，不能流于表面，要夸得让人有记忆点。

夸奖别人有两个误区，一个是流于表面，一个是过度夸奖。流于表面的夸赞激不起对方内心的波澜，尤其是对于一些优秀的人来说，他们已经对夸奖免疫了，就像篮球运动员听惯了别人说自己高一样。过度夸奖会让对方的偶像包袱越来越重，慢慢地不再用自己的真实面貌和你相处，久而久之便开始在你面前端架子，变得很"装"。

下面有几个诀窍，能够帮助你有智慧地夸奖别人。

肯定对方的缺点

你可能会觉得奇怪，缺点为什么值得肯定？肯定对方的缺点并不是让你去"审丑"，而是话锋一转，从另一个角度解读对方很在意的缺点。肯定对方缺点的夸奖，会让对方和你相处感觉更真实，从而坦诚地与你相处。这种夸奖能够让你在对方眼中变得与众不同。

比如一个女孩的身材微胖，她总是对自己的身材感到自卑。如果你是她的伴侣，你会怎么接话？

回答往往分为三类：

回答一："你一点儿都不胖，你很瘦的！你身材很好！"这种回答显然太假，属于硬夸，会让对方觉得非常虚伪。因为当一个人认准自己有此缺点时，别人的硬夸都只是欲盖弥彰。

回答二："你胖无所谓的，我不介意找个胖点儿的女朋友。"这样的回复同样不可取，因为根本没有肯定对方的缺点，这种回复一方面在告诉对方"你的确很胖"，另一方面在变相彰显自己的大度和包容，带有一种居高临下之感。

正确的方式是把对方的缺点变成优点。

回答三："什么叫胖？每个人对胖的定义都不同，你只是对自己要求很高而已。我和你的想法不同，我觉得你的身材很和谐匀称，很有韵味，你完全没有必要自卑，谁会喜欢骨瘦如柴的人？"这种回答才叫肯定了对方的缺点。听到这样的话后，女生的自卑顿时一扫而光了，心情也豁然开朗了。

再比如一个男生从小父母离异，他是被爷爷奶奶抚养长大的，非常缺乏亲情，也因此对自己的出身感到自卑。如果你是他的女朋友，你会怎么说？

错误的发言是："你父母离婚没什么，我不在意。"这样说完后，对方的心结还在，困境仍未消除。

聪明的发言是："你的出身都是过去式了，不会影响我们的未来。我觉得你很好，你的经历会让你变得更在乎家庭的价值，也会变得更加可靠与贴心，因为我已经感受到了。"

人总会对自己的缺点遮遮掩掩，如果你学会了肯定对方的缺点，对方就会在你面前表现得非常放松，从而对你卸下防备、减少伪装、坦然相对，最终成功拉近你们之间的距离。

好的感情，就是和对方在一起很舒服。舒服是关系稳固的前提，而会说话就能实现这一前提。

夸奖要具象化

夸赞对许多人来说并不是难事，难的是没法具体地讲下去。一问到细节就卡住了，那是因为夸奖太过空泛了，没有任何实质的内容。就像说别人"你人很好"，这样的夸奖没有任何意义，就像在给别人发"好人卡"。

越好的关系，越忌讳泛泛的夸奖。空泛的夸赞很多时候只能带来尴尬。**面对在乎的人，夸奖一定是与众不同的，即需要夸到细节，要让对方能感受到你的用心。**

比如你的心仪对象穿了一件好看的 T 恤，你会怎么夸？如果你只说一嘴"挺好看的"，那夸与不夸都没什么区别；但如果你说"T 恤上面的图案好特别，我觉得你的审美很高级，你很有艺术气质"，那么对方一定会喜笑颜开。

你所夸赞的对象，不仅仅是 T 恤，其实更多是在夸他本人。你的夸赞越细致，就显得越真诚。

有些人会说："我不知道怎么夸得细致，我根本没有时间去注意。"可如果你连注意对方的耐心都做不到，又凭什么让对方注意你呢？你连观察都不愿意观察，如何和别人实现正向的交往？"找不到细节"和"不想找细节"是两种截然相反的态度。

如果你愿意观察，但观察力确实不够细致，那就试着留意对方的明显爱好。无论是什么人，都一定会有自己热爱的事情，他会把大量的时间投入这件事上，这件事就是你的切入点。

你只需要留意对方的大把时间都花在了哪里就够了，这个完全不难。任何人都渴望被肯定、被信任。你只需要抓住这个心理，便可以在关系中游刃有余。

例如，闺蜜最近迷上了烘焙，周末总爱捣鼓各种甜点，你可以称赞她手艺好，自己也跟着解馋了。同事小李最近加班频繁，为了完成一个大项目常常忙到深夜。你可以在团队会议上提道："小李这段时间真的辛苦了，总是最后一个离开办公室。她的努力和付出我们都看在眼里，项目能这么顺利推进，她功不可没。等项目结束，咱们得好好聚一聚，让她也放松放松！"这样的表达既肯定了她的工作成果，也体现了团队的温情和关怀。

人都喜欢和自己信任的人聊天，当你能夸到对方心坎里时，才真正实现了聊天中的正向效应，你也真正走进了对方心里。

善用"求教"的力量，收获好的关系

让别人喜欢你最好的方法不是去帮助他们，而是让他们来帮助你。对方越帮助你，成就感就越强，从而越愿意继续帮助你。这就是著名的"富兰克林效应"。

在生活的点滴中，我们常常会发现，那些看似不经意的小麻烦，其实正是构建深厚关系的秘密武器。与强者交朋友，也不例外。

想象一下，你在工作中遇到了一个难题，而恰好你身边的同事是个行家。这时，不妨走过去，微笑着说："嘿，这个问题我有点儿拿不准，你能指点我一下吗？"这样的小请求既不会让对方感到压力，又能自然地拉近你们之间的距离。同样地，在生活中，你也可以邀请对方一起参加一些轻松的活动，比如一起喝咖啡、看电影或者散步时聊聊近况，这些看似无关紧要的"麻烦"，其实都是加深彼此了解的好机会。

与强者交往时，不要害怕展现自己的不完美。当你遇到挫折或困惑时，不妨向他敞开心扉，分享你的感受与经历。这样做不仅能让对方感受到你的真诚与信任，还能让他看到你的成长与进步。

当强者给予你帮助时，一定要记得回馈与感恩。这不仅仅是说声"谢谢"那么简单，更重要的是要让他感受到你的感激之情是真诚的。你可以通过一些小事来表达你的谢意，比如为他准备一份小礼物、写一封感谢信或者在他们需要帮助时伸出援手。

不过这种"请教"是需要掌握频率和难易程度的，请教的事情不要太多，否则对方会认为你是在索取。请教时提出问题即可，不要附带过多情绪。请教还需要有反馈，不然就成了套近乎。你反馈得越多，他投入的动力越大；他的动力越大，投入就越多。

如果你和对方能力相当，那么你的请教会让他得到更大的成就感。请教对方为自己办事，能够让对方这么想："你那么厉害还有解决不了的问题，而我能帮你解决，这说明我在你眼中有很大的价值。"之后你们的感情必定能再进一步。

要进行正面反馈

什么叫作正面反馈？很多人都不理解。其实答案很简单，就是多搜集你们二人相处时好的一面，继而进行一种正向的反馈。

比如一个女生给男朋友发了消息，但对方一整天都非常忙，直到晚上才回复。这件事有两种解读，也有两种演变结局。

第一种是负面的。女生会觉得对方晚回消息是不爱自己的表现，于是阴阳怪气地挖苦道："还知道回？我还以为你死了！""你还不如不回！""继续忙去吧，以后都不用回我了。"这样的负面反馈是很愚蠢的，对方看到后会很不开心，他原本平静的情绪立刻变得阴沉。对方总得到这样讽刺、挖苦和阴阳怪气的反馈，以后就不会想要和她继续交流了。

另一种是正面的。女生认为对方即便忙了一整天，也还是能在忙完的第一时间回复自己，这说明对方心里有自己，重视自己、在意自己，于是夸奖他、关心他。这些夸奖和关心就是对对方的正向反馈，对方会因此感到开心。下次不论再怎么忙，他在看到女生的消息后都会及时回复，因为他在这一过程中尝到了甜头。

这种正面反馈在生活中随处可用。

当你的另一半去外地出差后为你带回来一个礼物，可你并不喜欢这个礼物，你会怎么回应？

负面的反馈是直接开始抱怨："我们在一起这么长时间，你不知道我喜欢什么吗？给我买这么丑的东西，你什么审美啊！"对方听到这样的反馈会觉得非常委屈，因为自己的一腔热情被贬低得一文不值，以后便再也不愿带礼物回来了。

正面的反馈是肯定对方的行为。对方能够带礼物回来，说明心里记挂着你，这是爱你的证据。你要鼓励、要感谢，这样他会越来越喜欢给你买礼物。一个能给男生提供高情绪价值的女生，是懂得通过正面反馈来强化对方的正向行为的。

对方是否爱你、有多爱你，取决于你怎样定义他。你定义他"不爱你"，那么他会越发不爱你；你定义他"深爱你"，那么他就会愿意不断放大爱你的行为，因为对方会因为你的投入而为你投入。

善用以下表达，能够给对方带来鼓舞和快乐

"第一次"。当你和朋友们分享日常时，不妨试着加入"第一次"的元素。比如，"这是我第一次尝试做这道菜，你们觉得怎么样？"或者"今天是我第一次骑共享单车上班，感觉还挺新鲜的。"这样的表达，虽然只是简单的陈述，但"第一次"这三个字却蕴含着尝试与探索的勇气，以及表明分享对象是特别的。它让听者感受到你对这次经历的重视，也让他们觉得自己在你心中有着独特的地位。

"我从来没有"。在心理学领域中，想要拉近和别人的距离，需要"自我暴露"。你暴露自己的生活困境、家庭烦恼、隐私秘密，就是在拉近你们的关系。在加深友情或与

同事的关系时，适时地表达"我从来没有……"的语句，能够迅速拉近彼此的距离，比如"这件事我从来没有和别人细说过，但今天想和你聊聊我的想法。"这样的话语透露出你对对方的信任与依赖，让对方感受到被重视和被需要的感觉。它打破了人与人之间的隔阂，促进了更深入的交流和理解。

"为了你"。当你为朋友准备了一份生日礼物，对方表示感谢时，你可以微笑着说："没关系，为了你我愿意。"对方必定喜不自胜。不要觉得这些话羞于启齿，如果你实在不好意思说，也可以换成用英文来表达。

以上表达没有固定的模式，更没有强制性，你要去寻找最适合自己的话语，然后在适当的时候，根据实际情况灵活运用。比如在家庭聚会中，你可以对长辈说："自从您教我做了这道菜后，我发现自己越来越喜欢下厨了。"听到这样的话，对方必定会很高兴。

这些表达不仅适用于你的伴侣，也适用于各种社交场合。不过在对他人使用时要有心理界限，不要对素昧平生的人过度使用，以免弄巧成拙。

记住，不要吝惜自己的赞美。**想要实现聊天中的正向效应，赞美必不可少。**

有时候，有些人对普通朋友很善于夸奖，对自己的恋人却吝啬赞美，认为夸自己的另一半会让对方"飘"了，甚至觉得夸奖对方就是在进行自我贬低，这是很严重认知的误区。

价值是多方面的存在，不会因几句夸奖就降低。你给对方提供情绪价值，对方也会给予等价的回馈，你的付出都会有回报。所以，先把自己的心态放平，心态平稳了，才能在社交中稳定发挥。

此外，如果你还是不懂如何夸奖别人，可以回想别人是如何夸奖你的。别人的哪句夸奖让你印象深刻？你仔细回味一下对方是怎么夸奖你的，又夸奖了什么，然后把这种方法应用到别人身上。当学会这一切时，你就会成为一个聊天达人。

第七节 | 不同情感阶段的沟通秘诀

很多人总是抱怨另一半突然跟自己没话说了，抑或是觉得对方哪里和从前不一样了，于是怀疑对方不再爱自己。其实有时问题并没有如此复杂和严重，有时**你与对方发生不愉快，并不是感情出现了问题，而是你们正在过渡到下一个感情阶段，所以从前的那套相处方式不再适用，但你还在用上个阶段的相处方式和对方相处，矛盾自然随之产生。**

那些幸福的情侣之所以感情稳定，就是因为他们摸索出了一套独特的沟通方式，能够适用于各个情感阶段。所以，我们都应该及时察觉自己的这份感情正处于哪一阶段，从而用最适宜的方式进行沟通。

热恋期：把丑话说在前

在恋爱初期，双方都觉得对方是完美的，会不自觉地给对方贴上很多美好的标签，甚至会盲目赞扬对方，对对方的缺点视而不见。任何一方犯了错，另一方都能置之不理，原谅好似没有任何成本。

其实这是不对的，这个阶段忽略的问题越多，未来可能暴露的矛盾也就越多。**我们在恋爱初期应该保持理智，平和地与对方交谈，不能只是谈情说爱。如果你想和对方走得长远，就要在这个阶段说出自己的不足，同时也要指出对方的问题，继而和对方共同解决。**

不要害怕指出问题会影响关系，在恋爱初期指出问题最容易得到对方的包容和理解，也最容易得到万全的解决办法。比如你可以和对方说："我不知道我在你的眼中是怎样的存在，但是我想负责任地告诉你，我是一个有些小气，还比较爱发脾气的人，从前也因为这一点和前任闹了很多不愉快。但在与你的关系中，我愿意尽力改正自己的缺点，也希望你能够包容我这一点，我一定会慢慢改进的。"这样的话语等于给对方打了一剂预防针，可以让他欣然接受，也会让他有心理准备。在未来面对此类情况的时候，你们双方就都能因此做出相对理智的决断。

恋爱中期：要懂得报备，让对方获得安全感

恋爱中期，双方热情都在减少，从前依靠荷尔蒙维持的激情在慢慢消退，双方的隔阂与不信任却在增加。绝大多数情侣在这一时期都会面临的问题就是相互猜忌，因此分手的概率非常大。

相互猜忌，源自安全感和信任感的缺失。这一阶段中的双方应该做的，是能让对方产生安全感的事情。报备就是一个很好的选择。

你做什么，其实没有必要都告诉对方。但为什么还要报备呢？因为报备能给对方安全感，会让对方觉得自己在你心里很有分量。你向对方报备，对方自然也会向你报备，

于是你们对于彼此的信任会越来越多，从而促使你们的关系变得稳定与和谐。

稳定期：需要培养共同爱好

恋爱稳定期的双方默契度在增加，但新鲜感也在消退，二人好像没什么能够一起做的事情，也没什么可沟通的话题。在这时，培养共同爱好是必要的。

培养共同爱好会丰富你与对方的精神世界，也会增加你与对方的共同话题，从而促使两个人的生活变得更有色彩。**精神世界趋于一致的爱情，会帮助你们挖掘生活中更多的美好**。如果对方爱看书，你也可以和对方看同类型的书，从而与对方交流观点；如果你喜欢吃某种美食，可以让对方跟你一起尝试这种美食，从而让对方感受你的愉悦。

你需要及时察觉你与对方的感情正处于哪一阶段，然后用最有效的方式与对方相处，从而为你们的情感增添幸福的砝码。

第三章

情感投入：
情感投入原则，让对方更重视你

> 爱就意味着用心灵去体会别人最细致的精神需要。
>
> ————苏霍姆林斯基

相信大家都玩过丢沙包的游戏。我扔过去，你接住；你再扔过来，我再接住。

感情，其实就像一场丢沙包的游戏——你我之间，有来有往。你对我有好感，我对你有兴趣；我主动联系你，你积极回应我。我对你很好，你也对我体贴；我尊重你，你也尊重我；你投入，我亦投入……于是就这样，二人一来一回地，不断地把"沙包"丢给对方。

想要玩好丢沙包的游戏，一定要两个人积极参与，一旦有一方是消极的、不情愿的、敷衍的，那么沙包丢出去后便不会再回来，游戏由此被迫中断。感情的投入也一样。

第一节 | 投资情感账户，是经营关系的智慧

任何关系和感情在某种意义上都可视为一种合作关系。只有双方持续合作，关系才能继续。对方投入，自己却完全不投入，那么关系便无法进行下去。反之，自己全身心投入，而对方完全没兴趣，那么关系也无法建立和维持。有个概念叫"感情投入"，很多商业合作也是如此。

阿德勒心理学的一个核心观点是："人的一切烦恼都源于人际关系。"这句话如同一面镜子，映照出我们内心最深处的挣扎与渴望。试想，若这世间真的只剩下自己，烦恼或许真能烟消云散，但那样的存在又何尝不是另一种形式的荒芜？因此，构建并维护良性的人际关系，成了我们通往幸福生活的必经之路。

情感账户的投资哲学

《高效能人士的七个习惯》中有这样一个故事。一位朴实的农夫意外获得了一只神奇的鹅，它每天都能产下一枚珍贵的金蛋。起初，他满心欢喜，珍惜这份意外的财富。然而，贪婪逐渐侵蚀了他的心灵，他渴望一次性获得鹅腹中所有的金蛋，最终亲手杀了鹅，毁了这份宝藏。金鹅不在，金蛋也无从谈起。

这个故事不仅仅是关于贪婪的警示，更是对人际关系投资的深刻隐喻。在人际关系的世界里，我们每个人都是那位农夫，而情感账户则是我们与他人之间信赖与安全的宝库。只有不断投入，细心呵护，才能期待它源源不断地回馈温暖与支持。

持续投入：让情感账户余额不断增长

情感账户存的是信任。任何关系都是做出让对方感到舒心、安心的行为，就相当于往账户里存钱；相反，忽视对方的感受或者做出伤害对方的事情，就是从情感账户里取钱。

关系是动态的，不是恒定的。什么意思呢？如果不存钱，每一次相处都是在消费情感账户里的钱，钱就会变少。当存钱的动作多于取钱的动作，这段关系才能变得富足。

怎么"存钱"呢？

首先，小事上让人信赖。

对于双方的小约定或者小承诺，都要尽力做到。有些朋友走着走着就散了，其实就是在各种小事中消耗掉了感情。我的一个来访者找我咨询是因为一件外人看来很小的事，她因为上一份工作太枯燥，来到了现在的公司。刚到公司时，生性内向的她总是形单影只。坐在自己工位旁边的小 A 经常会带给她奶茶、点心、小零食，也会约着她下班一起吃饭，因此两人成了特别好的朋友。小 A 很外向，也很爱社交，所以经常在周末时约她出去玩。可她每次答应后就后悔，约会时间到之前总是想尽理由推脱。一两次小 A 还接受，可时间一长，小 A 觉得她总是失信，便不再约她了。

在公司里，小 A 也开始逐渐疏远她。事实上，小 A 并非刻意冷漠，只是因为周末约别人玩得多，上班时自然也与别人有更多话题。来访者因为小 A 的远离很郁闷，甚至想要辞职逃离这个环境。

在情感账户中，每次的礼貌相待、坦诚交流、仁慈之举和信守承诺，都是"存款操作"。这些看似微不足道的日常行为，实则在为关系的长久稳固添砖加瓦。

其次，日常表达善意。

每天花几秒时间，给家人、朋友或伴侣发个简单的问候信息，比如"早安""今天怎么样？"这样的问候虽然简单，但能让对方感受到你的关心和在意，就像在情感账户里存了一笔小小的存款，虽然不多，但日积月累，就会成为一笔可观的财富。

最后，倾听比表达更能"存钱"。

当我们和朋友或家人交流时，往往更习惯表达自己的想法和感受。但很多时候，对方更需要的是一个倾听者。所以，不妨在对方说话时多给予一些耐心和关注，认真倾听他们的心声。倾听会让对方感受到被尊重和被理解，从而加深你们之间的情感联系。

谨慎取款：守护情感账户里的每一笔财富

李明和王丽曾是职场上的黄金搭档，他们共同奋斗，配合默契。然而，一次紧急项目的到来悄然改变了这一切。

在项目压力下，李明变得急躁，他开始单方面决策，甚至在会议上粗鲁地打断王丽的发言。这一行为，让王丽感到被轻视，但王丽对他给予了理解。

接着，为了赶进度，李明擅自更改计划，导致王丽的工作白做。面对王丽的质疑，他非但没有歉意，反而用威逼的语气要求她服从。

最终，在一次关键汇报中，李明因个人疏忽忘记了重要细节，导致团队失误。王丽对李明的信任崩塌，她开始与他保持距离，不再主动合作。团队氛围因此变得紧张，昔日的默契伙伴如今形同陌路。

关系中的每次粗鲁、轻蔑、威逼与失信，都是对情感账户的透支。它们像无形的利剑，悄无声息地伤害着彼此间的信任与默契。

我们最常犯的错误就是：对越亲近的人，态度越敷衍。害怕合作不成，我们在跟合作伙伴的相处上总是想着投其所好；害怕工作不保，我们在面对领导时习惯谨小慎微。但面对亲近的人时，我们会放松对自己的要求，言行上更加自我、随意，对对方的感受也逐渐失去耐心和关注。在对方倾诉时，我们总是先指责，没有耐心倾听。亲近的人仿佛永远不会离开，亲近的关系也仿佛不需要维护就能永恒坚定，但经年累月肆无忌惮的消耗，终究会让自己失去一段段亲近的关系。

有效投入：让你的每一次付出都有收获

那么问题来了，投入的程度怎么来判断呢？这就涉及有效投入的问题了。

在探讨感情中的投入问题时，不得不提及一个心理学中的经典现象——**"沉没成本谬误"，即人们会因为已经投入了大量时间、精力和情感，而不愿轻易放弃，即便这种投入并未得到相应的回应或珍惜。**这种现象在感情中同样有所体现，尤其是当一方过度投入而另一方态度相对淡漠时。这种不平衡的状态往往导致投入多的一方感到被忽视甚至被利用，而接受方则可能因习惯了，渐渐忽视了对方的付出，认为一切理所当然。想象一下，你特别喜欢吃苹果，每天都买一大袋回家，但家里其他人可能并不那么爱吃，只是偶尔才吃一个。这时，你可能会觉得有点儿失落，因为你觉得自己的付出没有被珍惜。在感情里也是一样，如果你总是为对方做很多事，对方却很少回应你的付出，你就会觉得自己的好意被浪费了。所以，我们要记得，感情是两个人的事，需要双方一起努力，而不是一个人拼命付出。

有效的投入并非盲目地给予，而是在对对方的需求深刻理解的基础上精准投放。 它要求我们在感情中具备敏锐的洞察力和同理心，能够准确捕捉到对方未言明的渴望与需求，并以最恰当的方式予以满足。这就像用最小的力气去推动一个大轮子。比如，你知道对方工作很累，晚上回家时，你不需要做一顿满汉全席，只需要泡一杯热茶，或者给对方一个温暖的拥抱，就能让对方感受到你的爱意。这就是用**"最少的投入"**满足对方**"最大的需要"**。在感情中，我们要学会观察和倾听，了解对方真正需要的是什么，然后给出最贴心的关怀。

有效投入的核心在于"质量"，而非"数量"。 它强调在有限的资源下，通过高效的理解与沟通，实现情绪价值的最大化。

第二节 ｜ 谨防掉入低价值陷阱，做关系里淡定的一方

在关系里，情绪价值是滋养关系的养分，但你自身的价值是根基。如果对方看不见你作为个体存在的自身价值，那么即便你有本事提供再多的情绪价值，也难以换得对方的尊重。对方或许会在乎你，因为你可以给予对方情感上的回应和满足，让对方感受到优越感。但价值交换才是关系的本质，如果你不具备自身独特的价值，这一切只是镜花水月。

"我喜欢的人不喜欢我。喜欢我的人，我却不喜欢他。"很多人都有这样的烦恼。是什么导致了这种情况的发生？原因就在于你对不同的人展现出了自己的不同状态。

在不喜欢的人面前，你表现得落落大方、恣意洒脱。

你美丽而又自信，即便你的这种表现不是刻意的，也在对方心里构成了极大的吸引力，对方将你视为高价值的"女神"。你越是如此，对方就越对你沉迷。

而在你喜欢的人面前，一切都颠倒了过来。潇洒自信的人成了对方，你却变得畏首畏尾、如履薄冰，你的骄傲尽失，甚至变得很没有原则，无条件地讨好对方。对方越兴致缺缺，你越精神内耗。

在这种微妙的对比之下，价值差异悄然显现。面对不甚喜欢的人，我们自然而然地保持着一种适度的距离与分寸，这种自我约束反而让对方感受到了一种难以言喻的吸引力；然而，在心仪之人面前，我们往往变得患得患失，过分关注对方的情绪与反应，这种过度的在意与紧张，不经意间可能削弱了我们在对方心目中的价值地位。

经营关系的资本之一，便是高情绪价值。它源自对自我价值的深刻理解与坚持，在情感的海洋中，不随波逐流，不轻易降低自己的标准与姿态。这样，无论是何种关系，我们都能以更加平等、尊重的姿态去构建与维护。

很多优秀的人在面对心爱之人时也会遇到这样的情感挑战。无论在事业上多么成功、心智多么成熟，遇到心仪之人时，人们总会不自觉流露出最纯真、不设防的"小孩心态"。在跟自己的意中人相处时，也往往理智让位于情感。

情感的双向性更是普遍而复杂。很多人都有这样的体验——自己喜欢的人拒自己于千里之外，自己不喜欢的人却对自己百般上心。人们总是对得不到的心存躁动，对于容易得到的却没有兴趣。这是普遍的现象，也意味着我们并非总能那么幸运，遇到双向奔赴的感情。人生，往往不是总能随人愿，感情当然也是如此。

我们要做的就是学会在感情中提升自我价值，保持尊严。 不论面对的是心仪之人还是其他人，都应保持那份由内而外的自信与风采，如同璀璨的钻石，在任何光线下都闪耀出独特的光芒。若因过度在意或妥协而失去自我，便如同将钻石贬值为玻璃。

那么，如何在任何人面前都展现自己如同钻石般闪闪发光的一面呢？

答案很简单，那就是**要守住自己的底线，对喜欢与不喜欢的人都要一视同仁。**这一点有些人显然很难做到。他们很急切地表示："不行，这样的话对方就去找别人了！"

但这恰恰是掉进了低价值陷阱。一些人在面对自己喜欢的对象时，会选择投入大量时间和精力，不管对方是否投入其中，自己早已沦陷。**低价值陷阱本身就是一种"失衡"，很多人就是这样在关系中栽跟头的。**

即使想要赢得对方的青睐，我们也不应该降低自己的价值，突破自己的底线。对待所有人都要一视同仁。不要因为喜欢一个人就打破底线，也不要因为对方很优秀就委曲求全，更不要让自己在任何一段关系里显得过于廉价。

第三节 | 让对方投入，是促进关系最好的办法

想让对方离不开你，你需要让对方投入。

对方是否重视一段关系，要看对方对这段关系的投入成本有多少。对方对这段关系投入的时间、精力与金钱越多，那么对方便越想持续这段关系。

有一则给女生的劝告是：即便你的结婚对象家庭条件不好，也不要因此省略你们的结婚步骤——不能出国拍婚纱照，就在国内拍；没有足够的钱宴请四方，就小范围地聚餐一番……真正的仪式感不在于排场大小，而在于对承诺的珍视与尊重。必要的仪式必须有，这会提高对方对这段婚姻的背叛成本。

投入越多，切断这段关系的代价就越大。对方对你越

投入，想要继续维持这段关系的动力就越强。

在感情中，适当地"麻烦"对方，其实是一种增进了解、加深感情的有效方式。这里的"麻烦"并非无理取闹或过分依赖，而是在合理范围内请求对方的帮助或让他参与自己的生活。如果你想要跟一个人建立起好的关系，那么找机会"麻烦"对方，是增进感情的好方法。关于这点，我们可以从认知失调和沉没成本两个心理学理论来解释。

首先，"认知失调"指的是当人的看法和行为不一致时，人会感到压力，而这种压力会促使人去减少这种不一致，要么从认知层面行动，要么从行为层面行动。比如随着交往，个体会产生"原来他还挺幽默的""原来他也没我想象的那么糟糕"等新的认知，而这些认知会促使个体对对方接下来的行为进行更合理的解释，这些解释会促进感情升温。

其次，"沉没成本"指的是人在做决策时，会受到自己过往投入的时间、金钱、精力等因素的干扰，对先前投入的事情表现出更强的继续投入的意愿。这也是很多人跟谈了多年的对象分手后久久无法释怀的原因，他们会觉得"过去七八年的感情说没了就没了"。两个并不那么投缘的男女试着相处一段时间后，往往会抱着"都接触这么久了，要不再试试看"的想法继续这段关系，以避免前期的投入浪费。

两个一开始并没有感情基础的人都会这样，就更不用说两个两情相悦的人了。这便是所谓的**"越喜欢，越投入；越投入，越喜欢"**。这是一种正向循环。

美国有一任总统叫本杰明·富兰克林，当时富兰克林在政府任职，他的一个政敌对他充满敌意，二人的关系很糟糕，彼此对对方视而不见，见面从不说话。有一次，富兰克林无意中听说政敌家中有一本很稀有的书，于是他便给政敌写了一个字条，请求对方借给自己这本书，对方欣然同意。富兰克林在阅读完毕后将书归还给了政敌，并表达了感谢。从此，当二人再见面时，政敌开始礼貌地和富兰克林打起招呼，后来二人渐渐成为很好的朋友。

为什么会有这样的情况发生呢？

这就是一种认知方面的自我调适。有时想让一个人对你有好感，并不需要你去帮助他，而是要让他去帮助你。这种现象被称作"富兰克林效应"，指相比那些被你帮助过的人，那些曾经帮助过你的人会更愿意再帮你一次。

换句话说，想让别人喜欢你，最好的方法不是去帮助他们，而是学会"麻烦"对方，让他们来帮助你。总之，主动开口是没坏处的。

有时候，我们可能会觉得不好意思去麻烦对方，怕给对方添麻烦。但其实，在感情里适当地"麻烦"对方，反而能让感情更好。比如，你可以请对方帮你修个电脑，或者一起组装个书架。在这个过程中，你们会有更多的交流和互动，也会更加了解对方的能力和性格。更重要的是，这种"麻烦"会让对方感受到你对他的信任和依赖，从而更加珍惜你们之间的感情。

第四节 | 情感投入三原则：直击人心的艺术

在一段关系里，如何保证精准投入呢？如何确保自己的每一分投入都恰到好处？这就要涉及情感投入的三个原则了。

美国社会心理学家舒茨提出了著名的"人际关系三维理论"，他认为每个人在人际交往中都有三种基本需要：包容需要、支配需要和情感需要。在任何关系里，只要你能够满足对方的这三个基本需要，你的关系之道就不会出大问题。

包容：不是无底线地纵容，而是用高情商接纳

包容，不是让你成为无原则的老好人，而是面对对方

的行为，用低预期心态；面对对方的情绪和需求，以高共情。

低预期的意思，就是要求你在跟人打交道时减少先入为主的期待。如果你在跟伴侣相处时，总是抱着"我不说，难道你就不知道吗"的期待，那很难不失望。一旦你产生了失望情绪，就会在接下来的互动中表现出来，受情绪左右做出伤和气的事情来。

例如，纪念日到了，如果你期待的是鲜花、蛋糕、礼物和烛光晚餐，那么对方在任何一个环节上没做到位，都会让你有情绪。但如果你的期待是对方记得纪念日，能够空出时间来吃顿饭庆祝一下，那即使对方只带着鲜花出现，你也会心花怒放。

不过，千万不要陷入极端思维，包容对方不代表你要无底线纵容对方，委屈自己。你可以预设跟每个人相处的最低预期，如果低于这个预期，就说明对方触犯了这段关系的相处原则，也代表这段关系并不是值得经营的。

平等相处：强势不是魅力，是关系的杀手

小米曾是公司里雷厉风行的女强人，她的才华与努力让她在职场上屡获佳绩，光环加身。然而，这份成就感却悄然间在她心中种下了不平等的种子。回到家中，她不自觉地将职场上的强势作风带入了与老公的关系之中，期望事事都能由她主导决策。

起初，老公出于对小米的爱与尊重，选择了包容与退让，以为这只是暂时的现象，她会随着时间慢慢调整。但随着时间的推移，小米的强势非但没有减弱，反而越来越像一股无形的压力，让老公感到窒息。他的话语被忽视，意见被搁置，每一次尝试沟通都被视为挑战权威，两人的心因此渐行渐远。

老公开始意识到，这种不平等的关系并非他所向往的伴侣关系。于是老公提出想要好好沟通，可这在小米眼里又成了"没事找事""挑战自己"。最终老公提出了分手，退出了这段让自己感觉憋屈的关系。

在小米的世界里，职场的成功让她习惯了掌控与决断，这种惯性思维悄然渗透至她与老公的私人空间。小米未能意识到，家不是战场，无须以胜负论英雄。老公的退让，并非出于真正的接纳，而是出于对爱的妥协，这种妥协逐渐累积成无形的压力，最终导致了关系的破裂。

在亲密关系中，任何一方若试图戴上"强势"的王冠，企图凌驾于对方之上，最终只会铸就一副沉重的枷锁，将彼此紧紧束缚，直至关系消亡。

强势的人或许能在短时间内产生征服他人的错觉，但与强势的人长久相处，却如同行走在峭壁之上，稍有不慎便会粉身碎骨。真正的平等并非简单的权力或资源的均分，而是一种深刻的情感共鸣与相互理解。它要求我们在关系中摒弃"强势即魅力"的误解，转而追求一种基于尊重的协作模式。在每一次对话中，我们都应学会倾听对方的声音，重视对方的想法；在每一次决策中，我们都应共同商议，寻求共识；在每一次分歧中，我们应相互妥协，寻找双赢的解决方案。这样的关系，才能让双方都能感受到被重视、被尊重，从而激发更深层次的情感联结。

情感性回应：让对方从关系中感受到自己的美好

对方夸你好但你感受不到，和对方让你感受到你自己是好的，这两种，你会更喜欢哪种？

如果你不知如何回答，那么看看下面两个场景。

第一个：晚餐时。

妻子说："今晚我做了你最爱吃的红烧肉，还特地学了一道新菜。"

丈夫微笑着放下手机说："哇，看着就让人食欲大增，辛苦你了，亲爱的。"

第二个：家务时。

妻子疲惫地走进客厅，对正在看电视的丈夫说："我今天加班到很晚，回来还要收拾屋子，真的好累。"

丈夫头也没抬地说："你又不是不知道我也很忙，休息一下再干嘛。"

这两个场景，如果你是妻子，你更喜欢哪一种？应该是第一种吧。

在第一个场景中，丈夫通过积极的反馈，加深了与妻子的情感连接；而在第二个场景中，缺乏情感回应则让妻子与对方有疏离感。

人都渴望被看见、被回应，这是人类的一种基本需求。如何在生活中实现有效的情感回应呢？

你可以套用非暴力沟通的表达范式。

非暴力沟通就是用爱去说话的艺术。这个方法并不复杂，它主要包含四个简单的步骤：

说事实，而非评判：比如用"我看到沙发上堆满了衣服"代替"你总是这么乱丢东西"。

表达感受：直接说出自己的内心体验，比如"我觉得有点儿沮丧"，让对方知道你的情绪状态。

讲出需要： 指出哪些需求没有得到满足，比如"我需要我们能一起分担家务"，明确表达你的期望。

提出请求： 用请求的方式而非命令的语气，比如"今晚你能帮忙整理一下客厅吗？"这样更容易得到积极的回应。

想象一下，如果第二个场景中的丈夫能这样跟妻子说："真是辛苦你了，亲爱的。我们的家庭如此温馨，你的付出最大了。来，你休息一下，剩余的家务我来做。"这样的表达，既表达了对妻子的理解和关心，也告诉了她，自己想和她一起努力维护婚姻。

在跟人打交道时，如果你懂得包容别人，追求平等交流，还擅长回应别人的情感，那你就是个人见人爱的高情绪价值的朋友了。这可不是光说说那么简单，你得从心里接受自己的不完美，也得尊重别人的不同。这样一来，大家聊得开心，关系也能迅速拉近。做个高情绪价值的人，就是让自己和别人都舒服的人。

第五节 ｜ 聪明的人从不幻想无条件的爱

在纷扰复杂的成人世界里，我们常渴望寻觅如童话般纯粹、无条件的爱。可是，都说婚姻是港湾、友情是充电站，那如果人们都来避风、都来充电，谁都不愿意做港湾、做充电桩，关系怎么运行下去？聪明的人深知，现实并非童话，无条件的爱虽美好却难以触及。清楚关系里有分量的"条件"有哪些，并通过自我提升，成为值得被有条件地爱着的人。这才是我们该有的选择。

成年人的世界里少有无条件的爱

成年人的世界，复杂性在于每个人都在为生活奔波，承担着生活的责任与压力。因此，少有成年人会去做毫无回报的事情。

可能你会说，讨好型人格就是无条件付出、不计回报的一类人。**从心理层面的价值交换来说，讨好型人格的取悦行为在于心理补偿**，也就是说，他们之所以取悦他人，是因为他们潜意识里认为这么做可以带来心理补偿和想要的情感回报。

所以我说，纯粹的无条件的爱虽尤为珍贵却难以寻觅。正因为无条件的爱太难得，情绪价值高的人才显得弥足珍贵。人们更容易被那些能够提供情绪价值、让自己感到被理解、被支持的人所吸引。这种吸引力本质上就是一种"条件"，因为情绪价值高的人能满足他人情感上的需求。

聪明的人都会认识到这一点，他们不将希望寄托在虚无缥缈的无条件的爱上，而是努力提升自己的情绪价值，学会在关系中游刃有余地给予与接受，以此构建更加稳固和谐的情感联结。

有条件的爱：爱的是哪些条件

当我们谈论有条件的爱时，并非意指爱情变得功利或肤浅。相反，这里的"条件"更多地是指那些促进关系发展的关键因素。它们包括但不限于个人魅力、情感成熟度、价值观契合度、责任心以及成长潜力等。这些也反映了人性中对美好品质的追求与向往。

这些"条件"通常指的是以下几个方面。

个人魅力加分项：不管是长得好看、性格讨喜，还是有一技之长，这些都能让你在人群中闪闪发光，充满吸引力。

情绪稳定：谁也不想身边有个"情绪炸弹"吧？能管理好自己情绪，还能给对方安慰的人，简直就是关系中的宝藏。

三观合拍最重要：俗话说，"话不投机半句多"，如果两个人聊不到一块儿去，多待一分钟都难受。因此，有明确且正确的三观，可以帮你吸引有相似价值观的同类。

有责任心：这点太重要了。无论朋友、伴侣还是同事，没有谁不愿意跟有责任心的人共处。每个人都渴望安全感，跟有责任心的人在一起，会给人带来强大的安全感。

成长不设限：谁都喜欢跟积极向上的人在一起，因为这样能让自己也变得更好。

很显然，这些"条件"并非一成不变，而是随着个人成长与关系发展而不断演变的。在这里我想说，一个聪明的成年人不仅要学习情感投入原则，将其用在与人相处上。更关键的是要懂得自我养育，把情感投入到自身成长上，不断完善自己的"条件"，让自己成为更有条件获得爱和尊重的人。

如何配得上有条件的爱

我们要提升自己内在或外在的价值，只有这样，才会通过价值匹配吸引到更优秀的人，在事业上实现突破圈层，在爱情上遇到更优秀的伴侣，在孩子面前成为更有魅力的父母。

第一，自爱，由内而外地爱自己。

人生路上，谁不是一路摸爬滚打，各有各的苦楚？但聪明人懂得，**最可靠的摆渡人其实是自己**。别总等着别人来救你，你要学会爱自己，照顾好自己。当你开始自爱，你会发现，那些曾经困扰你的烦恼慢慢就变少了。你开始默默努力提升自己，学习新技能、培养新爱好，你就在悄悄变好。这样的你，从内到外都散发着自信的光芒，自然能吸引那些懂得欣赏你的人。

第二，情绪稳定，不内耗也不外耗。

培养自己的爱好，用健康的方式疏散情绪，比如画画、唱歌或跑步。做一个不内耗，也不把负面情绪带给别人的人。**不内耗意味着不把小事放心里，不外耗意味着不要让别人后悔对你的善和好**。你要能够力所能及地给他人温暖和支持，但不要委曲求全。

第三，善良但有底线。

善良是个好品质，但过度善良就容易变成"老好人"。

善良也要有度，我们要有自己的底线和原则。我们要用心对待每个人，但也要坚决拒绝那些不合理的要求和伤害。这样的你既不会让人觉得你冷漠无情，也不会让人觉得你好欺负。你的善良带着锋芒，让人既敬畏又喜爱。

你需要做的，是明白自己的底线在何处，想一想自己最在意的点是什么，不能触及的领域是什么，然后守好自己的底线。当对方一再在你的雷区"蹦迪"时，你需要想出一个好的对策以绝后患。如果你能做到这一切，就说明你形成了优秀成熟、自尊自爱的处事风格。

第四，培养自我责任感，告别依赖。

不管在哪类关系中，你都要懂得摆脱依赖心理，学会为自己负责。**生活是自己的，你不能总是依赖别人来给你幸福和安全感。**努力工作、赚钱、规划未来，让自己有足够的底气和能力去面对生活的风雨。这样的你不仅能让自己过得充实而精彩，也会让身边的人对你更加尊重和珍惜。

第五，在进步的路上，生活才充满无限可能。

多少人的遗憾源自停滞与安逸？不少女性在步入婚姻

后，选择退出职场，全职顾家。而这份珍贵的奉献往往被外界，尤其是部分男性伴侣所低估，他们认为相夫教子不过是琐碎日常，忽略了其背后的辛劳与智慧。随着时间流逝，婚姻中出现了裂痕，双方的世界逐渐失去交集。

面对这样的现实，自然应该指责那些看不到女性付出的男性。但是，女性朋友们，无论你选择了何种生活轨迹，都应视其为自我成长的沃土。利用闲暇时光，积极探索未知领域，学习新知识，掌握新技能，这不仅是对自我价值的不断追求，更是为生活注入源源不断的活力与色彩。

当你每天都因学习而充满好奇，因迎接挑战而焕发激情，你将以更加耀眼的姿态让周围的人刮目相看。记住，成长是一场没有终点的旅行，它不仅能让你成为更好的自己，也能引领你与世界产生更多共鸣，发现更多可能。

第六节 │ 如何应对情感关系的失衡

社会心理学中有一个概念叫作"最小兴趣原则"，指的是在一段关系中，并不是投入越多的人越有话语权，现实恰恰相反，投入更少、兴趣度更低的一方才掌握着更多的话语权。

情感关系中的失衡，往往是对"最小兴趣原则"的反映。一方越迎合与妥协、越满足对方的无理要求，输得就越惨，冷漠的另一方却手握"生杀大权"。如果一个人他自己是价值感比较低的一方，还一味地降低底线，那么只会让这段关系更加失衡。

不对等的关系是长久不了的，随时都有可能终止。付出不对等的情侣之间的满意度，远不如付出对等的情侣之间的满意度高。

那么，如何让失衡的状态回归平衡，继而实现幸福感的回归呢？

只需要分三步走。

第一，要自信。你要相信自己是值得被爱的，对方必须让你快乐，你值得最好的东西，你不该平白忍受委屈。

第二，要勇敢。你要勇于表达自己的需求，从而追求属于你自己的幸福。

第三，要坚定。管理学中有一个理念：雇人的时候要精挑细选，裁人的时候要快刀斩乱麻。如果对方不珍惜你和这段关系，那么你要舍得离开，并且能够果断离开。

能够做到这三点，失衡的状态便会得到很大的调整。

你对关系的不舍，是对方得寸进尺的资本。很多女生选择不离开的理由都很一致：舍不得。但是，这种"舍不得"的代价往往很大。

有这样一则真实的案例。一对情侣在一起已经十多年了，但一直没有结婚。每次女生提出结婚的诉求时，男生都会找各种借口推托，一拖就是十几年。在这期间，女生一直在为了男生付出。女生知道对方的种种不堪，但从没有选择离开，因为她觉得自己在对方的身上倾注了太多心血，消磨了太多青春。一个女孩的青春能有多少年？因为害怕失去对方，女生甚至未婚先孕，给对方生了孩子，想要以此抓牢对方。但可惜事与愿违，男生并没有因此重视这段关系，甚至还在外面找了个小三。女生得知此事后大发雷霆，彻底宣泄了自己积压多年的愤怒和委屈。但男生不仅没有和小三分开，反而和小三更加亲近了，经常住在小三家中，对女生不管不问。

但即便如此，女生还是没有选择离开。

旁观者清，大家都对女生的行为感到匪夷所思，哀其不幸，怒其不争，觉得她疯了。但当局者迷，女生自己又有很多聊以自慰的理由，比如放不下孩子、放不下这么多年的感情、放不下自己逝去的青春，甚至搬出"我就是不离开他，就是要在他眼前转，就是要恶心他，不让他如意"这样的借口。

这个女生是一类女生的缩影，她们就是太过于没有自己的底线。

正确的做法是，在自己想要结婚但对方找各种借口推托的时候就应该离开，因为这足以说明对方是一个油嘴滑舌、道貌岸然的人。这个时候离去，成本最低，损失最小。但可惜，案例中的女生没有这么做，她因为自己的优柔寡断浪费了十几年的光阴。

一段有害的感情就像一片沼泽地，它会让你迈不开脚步，越陷越深，最终彻底无法自救。所以，在对方实现不了给你的承诺的时候就要抽身，否则你会越来越被动。不要再计较各项沉没成本，因为那些都无法再回来，拖得越久你会越被动。

感情中双方在投入上一定是"礼尚往来"的，就像我们之前说过很多次的那样——**"你不是因为喜欢而投入，而是因为对方的投入而投入"**。对方对你投入的时候，你要给对方积极的反馈，让对方看到付出的努力有了回应，他才会更主动、更愉悦地为你付出。你看到了他进一步的付出又会加倍爱他，你们因此形成正向的循环。

划定底线的原则不是你要比对方更不在乎这段关系，也不是要时刻让自己处于一种能够明哲保身、全身而退的状态中。这样做是无法获得对方的尊重的，自然也得不到对方的投入，你也会因此变得不值得被善待。**划定底线的原则是你在充分尊重对方并付出的条件下，也获得对方的尊重和付出，不要总想着谁付出得多，谁付出得少。**一切仅听从内心的感受就够了，你和你的另一半必须实现"合作"和"共赢"，也只有这样，你们才能有更加稳定的感情和更好的未来。

　　如果实现不了合作，那么你是时候转身离开了。没有他，你会过得很好，你也可以和其他异性实现合作。在别人眼中，你的价值会更高。

　　请你做到：自信而又能守住底线，自爱而不委曲求全。

第四章

情绪屏蔽：
请远离消耗你的人

> 不要和猪摔跤，损失钱都要让有毒的人滚出你的生活，越快越好。
>
> ——查理·芒格

成为一个高情绪价值者，是为了在关系里有进退自由的自主权。如果你想要经营这段关系，那么你可以用各种方法和策略将关系推入更美好的地步；但如果对方不值得，又或者一段关系的存在对你是消耗而非滋养，那你也有能力果断收手，让自己抽离。所以，情绪价值高的另一个体现是具有情绪屏蔽力，屏蔽掉友情、爱情或其他感情中会耗竭你的能量。

第一节 | 远离情绪价值低的人

并不是所有人应该请进生命里，也并不是所有闯进你生命的人，都值得善待和珍惜。

余生很贵，请别浪费。无论交友、谈情还是共事，都要远离情绪价值低、消耗你的人。

根据以往的咨询经验，我总结我们要尽量远离如下这些情绪价值低的人。

远离一味索取的人

生活中不乏这样一类人，他们总是习惯性地向你伸手，无论是物质上的帮助还是情感上的慰藉，却鲜少给予回报。

长期的单向付出会让人感到疲惫不堪，甚至怀疑自己的价值。

还记得《欢乐颂》里的樊胜美吗？她总是被家庭的重担压得喘不过气来，身边围绕着的是一味索取、从不考虑她感受的亲人。这种关系就像一场没有尽头的消耗战，让樊胜美的笑容渐渐失去了光彩。在现实生活中，我们也要警惕那些寄生虫般的朋友或亲人，学会设定界限，保护自己不被无休止的索取所累。

记住，好的关系应当是双向滋养的。

远离负面情绪爆棚的人

"近朱者赤，近墨者黑"，情绪亦能传染。那些总是沉浸在负面情绪中抱怨连连、消极悲观的人，只会拉着你往负面情绪的坑里掉。他们整天抱怨，好像世界末日就在眼前，一点小事都能让他们的心情糟糕透顶。

想象一下，你本来心情好好的，突然遇到这么个人，开始跟你唠叨个不停，说这儿不好、那儿不对。听多了，你是不是也开始觉得心情变差了？没错，这就是"情绪黑洞"的魔力，它能不知不觉地把你拉进黑暗的世界里。

有"情绪黑洞"的人其实就像个没长大的孩子，只知道索取安慰，却不懂得给别人带来快乐。尽管已经成年，却还维持着儿童心智，认为自己就是关系的中心，别人有义务理解自己、共情自己、关心自己。他们一边用负面情绪消耗着身边的人，一边嗷嗷待哺地索取对方的情绪价值。和他们在一起，你会发现自己变得越来越消极，对生活的热情也慢慢消失。

在生活中，我们要多留意身边人的情绪状态。如果发现有人总是传播负能量，那就试着减少和他们的接触。同时，多和积极向上的人交朋友，让自己的心情也跟着好起来。

远离看人下菜碟的人

这类人擅长察言观色，像自然界中的"变色龙"，能够迅速根据周围环境和交往对象的不同，调整自己的态度和行为。他们表面上圆滑世故，实则缺乏真诚与原则。与他们交往，你永远不知道自己在对方心中的真实位置，这种不确定性会严重损害你的安全感与信任感。

想象一下，你有一个朋友，他在你面前总是笑容满面，言语间充满关怀与热情。但当面对地位更高或更有价值的人时，他会为了自身利益而牺牲你。有这样的朋友或枕边人，是不是很可怕？

真正的朋友应当是无论贵贱与得失能始终如一地待你的人。看人下菜碟的人难以托付真心，只能有福同享，难以共患难。如果你爱的人就是这样的人，请不要侥幸觉得他是一个高情商的人，跟着他肯定能够少受苦、多借力、享大福。在大难面前，他可能会弃你自保。

如果发现身边有这类变色龙一样的人，应该尽快远离或者减少接触。

远离习惯挑剔和指责的人

在我们的生活中，或许都曾遇到过这样一类人，他们仿佛永远带着放大镜，专注寻找他人身上的不足与瑕疵。小李的同事张姐就是这样一位"挑剔大师"。每天，张姐总能找到各种理由对小李的工作进行挑剔，无论是报告中的一个小错误，还是会议上的一个小疏忽，都能成为她指责的焦点。

小李开始时还努力改正，希望能得到张姐的认可。但随着时间的推移，他发现无论自己做得多么完美，张姐总能挑出毛病来。这种无休止的挑剔与指责让小李倍感压力，自信心也受到了严重打击。他开始怀疑自己的能力，甚至对工作产生了抵触情绪。

习惯挑剔和指责的人就像一把无形的刀，不断切割着别人的自信与热情。他们似乎永远不满足，总能在别人的努力中寻找不足。与这样的人相处，我们的心灵会承受巨大的负担，难以真正放松和享受生活的美好。

因此，我们应该学会远离这些"挑剔大师"，保护自己免受其害。在人际交往中，我们应该寻找那些能够给予我们鼓励与支持的人，与他们共同成长，相互成就。

远离自恋的人

我们这个时代自恋的人是比较多的，大约每 10 多个人中就有 1 个。他们认为舞台中央的聚光灯永远只照亮自己。自恋的人往往过分关注自我，他们的话语中充满了"我"的独白，行为上则表现为对他人感受的漠视与忽视。

以小王为例，他的室友小李就是一个典型的自恋者。每当小王分享自己的经历或感受时，小李总是能迅速将话题引回到自己身上，用相似的或更为夸张的故事来回应。在小李的世界里，自己永远是主角，而他人则成了可有可无的配角。这种无休止的自我展示与吹嘘让小王感到疲惫不堪，甚至开始怀疑自己的价值。

自恋的人往往缺乏同理心，他们难以真正理解和关心他人的感受。与这样的人相处，我们会发现自己被边缘化，情感需求得不到满足，甚至可能陷入自我怀疑的旋涡中。他们的自恋行为像一堵无形的墙，将我们隔绝在他们的世界之外，无法建立真正的情感联结。

因此，为了保护自己的情感健康，我们需要学会识别并远离自恋的人。在人际交往中，我们应该寻找那些能够平等交流、相互尊重的伙伴，与他们共同构建健康、和谐的人际关系。只有这样，我们才能避免陷入自恋的旋涡，享受健康的人际交往带来的快乐与满足。

自恋的人善于使用 PUA 手段。即便你是情绪价值高的人，遇到一个自恋的人，他也会把你消耗得失去光芒。

如果你的爱人或朋友是典型的自恋型人格，那么请看后文关于 PUA 的内容，懂得识别、远离和反制。

第二节 ｜ 恋爱脑的本质：缺乏自我意识

"恋爱脑"这一概念通常指的是，在恋爱关系中过于情绪化、缺乏理性判断或自我反省能力的人。在很多人的印象里，总是把恋爱脑归类到平庸者甚至弱者的行列中，认为是恋爱脑的人大多自身条件很差，但其实并不是。许多高学历人才、精英、行业翘楚也会进入恋爱脑的行列。他们外表光鲜亮丽，工作果断沉着，好像恋爱的纠葛问题绝不会发生在他们的身上，但他们就是在恋爱关系中会缺乏理性判断。

人是否是恋爱脑，和自身的智力、学历、能力等方面没有关系。

一个人为什么迟迟不愿意离开，为什么会一直在错误的感情中徘徊？想要弄清这些问题，需要先明白人的决定是如何产生的。

人的决定是如何产生的

第一，大脑额叶使人产生情绪，而情绪影响着一个人的决定。

我们的情绪来自大脑额叶。以女性为例，女性的大脑前额叶要比男性更为发达。这种差异化带来的优势就是：相比于男性，女性更容易觉察他人情绪的变化，以及生活中一些很微小的细节。这也就是我们常说的，女性的心思一般会比较细腻。

毋庸置疑，**人需要感性，但是过犹不及**。当感性凌驾于理性之上，个体便容易沦为情绪的奴隶，做出一系列缺乏深思熟虑的决策。这些决策有时伴随着极端、偏执乃至疯狂，其背后正是情绪对决策过程的强烈干预。大脑额叶感受到极端情绪并将其吸收以后，会给人的决策加码，让非理性的行为一触即发。恋爱脑们便是被情绪牵着鼻子走了，因为他们在恋爱中几乎不曾理性思考过问题。

第二，情绪又取决于人的状态。

某种状态会产生某种情绪，某种情绪又会导致某种行

为，即情绪影响决策。

当人面临气愤、疲劳、饥饿、孤独等负面状况时，往往会萌生不好的情绪，驱使人做出无法自控的事情。

恋爱脑的人在孤独、失意、彷徨的时候格外思念对方，他们迫切地需要对方陪伴，于是哭着去挽留对方或寻求复合，即便对方再冷漠也坚持不懈。恋爱脑们就是这样被情绪左右了自己的行为的。

所以，**当自己无法控制情绪时，先不要急着做决定。先停下来冷静一下，让事态暂时"冰封"起来。继而自我检测一下：这件事我真的有必要做吗？这件事真的很重要吗？不这么做就没有其他解决办法了吗？只有掌控好情绪，你才能够做个理性的人。**

第三，人都存在本我、自我和超我，当这三者发生紊乱时，人就会做出不当的行为。

弗洛伊德的精神分析法指出，人的意识分为三部分，即自我意识、本我意识、超我意识。

"本我"是人在潜意识状态下的思想，代表思绪的原始程序——人最为原始的、本能的欲望，如饥饿、愤怒、性欲等。

本我是无意识、非理性、非社会化和混乱无序的。本我只遵循一个原则——享乐原则，追求个体的生物性需求，如食物与性欲的满足，以及避免痛苦。

"超我"是人格结构中的管制者，由完美原则支配，属于人格结构中的道德部分。超我可以理解为一个制约者，它抑制着本我的冲动，对自我进行监控，并追求完善的境界。简言之，超我是本我的对立面。

"自我"是自己意识的存在和觉醒。主要作用是调节本我与超我之间的矛盾，一方面调节着本我，另一方面又受制于超我。

在各类影视作品中，时常可见这样的一幕——当主人公在面临重大决策时，脑中会跳出两个小人。一个是善良的天使模样，它提出温和、理性的建议，这便是超我；另一个是邪恶的恶魔模样，它蛊惑人做出自私、极端的行为，这便是本我。而主人公最终采纳哪一方的建议，做出怎样的决定，这取决于自我。

自我是出来劝架的，继而提供一个折中的选择。人格就是在本我和超我相互竞争的过程中发展而成的。**如果一个人的自我强大而又稳定，那么他的自我现实感和稳定感会站到超我和本我之上，从而展现出从容淡定的精神面貌。**一个人内心的两个小人总在打架却又得不到答案，是因为自我意识缺失了。

恋爱脑们的问题便出现在这里。他们的感性远远大于理性，自我永远无法统筹本我和超我。这导致他们做事不仅优柔寡断，还时常走偏激路线，做出让人难以理解的行为。而当自我、本我与超我的失调严重到一定状况后，还会出现"自我劝说"的情况，即自己开始为自己的各项行为辩解。比如伴侣欺骗了自己，他会不自觉地为对方开脱，觉得那是善意的欺骗。这也是一些人在错误的关系泥潭里越陷越深的原因。

恋爱脑的本质是缺乏自我意识。

自我意识是对自己的身心状态和客观世界的联系的认知。在感情中，**一个人越喜欢做出低价值的行为，说明他**

越缺乏自我意识。

没有自我意识的人无法倾听自己的内心，认识不到自己的真实价值，并且会让自己的情绪时常呈现不稳定的状态。只有能够客观评价自己情绪，我们的行为和价值才会保持一致。人们常说的"人间清醒"，就是指人的自我意识足够强。拥有稳定的自我意识后，人可以客观地评价自己，从而做出明智的决定。

你有没有这种闺密？当你感情出现了各种问题的时候，她都能为你出谋划策，她会理智地为你权衡各种利弊，说服你看穿事情的本质和真相，俨然一副专家的姿态。当她自己遇到感情问题时，却成了栽跟头最狠的人。她的理性和睿智顿时荡然无存，感情状态与表现格外异常。

又或者说，你是不是这种人？

在生活中，这种人太常见了。他们看别人的事情时看得很清楚，充满了理性；在自己的感情中却困惑而无助，被感性占据了头脑。这其实就是所谓的"当局者迷"。

离自己的生活越近的事情，越看不清真相，人很难用

旁观者的角度来审视自己的处境，但这种情况并不是无解的，"当局者迷"是有破解之法的，钥匙就是自我意识。调动好自我意识，才能够扭转局势，做到"当局者清"。

恋爱脑的通病

恋爱脑有三大通病。

第一，感性过度，理性不足。恋爱脑的人在处理感情问题时，往往感性思考远远超过了理性分析。他们倾向于凭直觉和感受行事，而忽视了事实、逻辑和长远考虑，这可能导致决策失误或关系失衡。

第二，盲目追随感觉，缺乏判断。他们容易完全沉浸在自己的情感体验中，盲目跟着感觉走，不顾及现实情况和对方的真实感受。这种盲目可能导致他们在关系中做出不理智的行为或决定。

第三，缺乏自我反省，难以正视错误。恋爱脑的人往往难以正视自己在恋爱关系中的错误和不足。他们可能会重复犯同样的错误，因为缺乏自我反省和改变的动力，从而陷入一种"明知故犯"的循环中。

想经营好一段关系，首先要做的并不是了解对方，而是了解自己。要先将重心放在自己身上，承认自己的不足，并接纳自己的不足，进而反思自己哪里做得不好。思考事情是怎么发生的、如何发生的、怎样才能避免不好的事情。这样才会避开那些总将人绊倒的"石头"。

人人都会犯错，但并不是每个人都能发现问题所在，很多人完全察觉不到自己的问题。能否认清自己的错误并改正，决定着一个人是否具有智慧。

如果你感情一直不顺、一直得不到自己想要的生活状态，那便要自问一下："我的问题何在？"

如何用自我意识来对抗恋爱脑？如何在感情中保持理性与感性的平衡，做一个清醒的人呢？

只需要分三步走。

第一，当你遇到问题时，冷静下来，先想象一下：如果这是我朋友遇到的事情呢？

第二，以旁观者的角度，给出一条有效建议。

第三，把这条建议应用在自己身上。

举个例子，如果你发现自己正处于恋爱脑的状态，明知道另一半的心已不在你这里，但你仍试图用眼泪和表忠诚去挽留。这时，就该是运用这个方法的时候了。停下来，想象一下这是你好朋友的遭遇，你会怎么看待她每天以泪洗面、祈求一个已变心的人回心转意？你一定会觉得这样的行为既荒谬又令人心疼，因为你知道这是在浪费时间和感情。你会毫不犹豫地告诉她，要爱自己多一点，及时放手，寻找真正值得的人。那么，现在轮到你自己了，既然能如此坚定地支持朋友，为何不能同样勇敢地为自己做出选择呢？是时候离开那个不珍惜你的人，让自己重新获得自由与尊严了。

这时，你的理性会告诉自己：我不该做错事。

所以，以后在做决策之前，要把自己当作自己最好的朋友，为自己出谋划策，把最好的建议提出来。心理学中有一个名词叫作"第三视角"，指的就是这种情况。

如果你想在关系中保持理智，那么你要扮演的就不仅仅是主角，还有观众。也就是说，要让自己跳出来，以旁观者的身份冷静地审视自己的处境。这能够让你以更加从容、警醒、果决的姿态去做决策，从而避免做出让自己后悔的事情，保留自尊与体面。

戒掉恋爱脑的三步法

想要摆脱恋爱脑，第一步就是解决定位问题。只有敢于发现错误，才能尽早摆脱错误，推卸责任是没有办法改变现状的。也就是说，要先承认，后解决。

第二步，正视并分析自己的错误，才能有所成长。

经营爱情就像播撒种子，想要让种子长成枝繁叶茂的参天大树，我们就需要为这棵树浇水施肥。这里说的"浇水施肥"就等于在爱情中倾注心血。在感情中付出，获得成长，是为了获得幸福。看到自己，看清自己，就是一种浇水施肥的行为。

第三步，分析过后，就必须付诸行动。此时可以适当使用群体智慧，让自己的亲朋好友以旁观者的角度给自己提合理建议，而后采纳集中度最高的建议。如果自己所遇的并非良人，必须让自己放手和远离，促使自己以更好的状态投入下一段感情。

不要把某个时间点的结局当成自己整个人生的结局，人生是漫长的，既要允许一切可能的发生，也要接受自己所犯的错误。分手了并不意味着自己就是人生输家，每一次失败的感情经历都是一次"恋爱素材"，你能从中获得不同的启示。

不要害怕分手，因为下一个，往往更好。

戒掉恋爱脑的行动公式

下面有几条行动小公式，提供给执行能力较差的恋爱脑们。

第一，打开手机备忘录或者拿出纸和笔，写下你当下正面临的问题。

第二，思考过去是否也发生过这样的问题，从中找寻共同点。

第三，找寻问题的来源。

第四，寻找方法。想一想做什么才能改变现状，学会运用群体智慧。

第五，付诸行动。一开始不要给自己太大压力，否则你会本能地开始逃避。行动要循序渐进，列一个长期计划，先从没什么门槛的简单行动开始，而后不断加码，增加难度。

举个例子，比如一个女孩的另一半是个"渣男"，但女孩就是舍不得离开对方。那么她要做的第一步，就是赶快找到自己的问题：在错误的感情中徘徊，成了恋爱脑。第二步，回顾往事，她发现自己总是不愿割舍错误的感情。第三步，她明白了：自己是恋爱脑，所以才总是在情感中栽跟头。她总是怕从前的付出被浪费了，于是才强迫自己去维系这段已经濒临破碎的感情。第四步，她开始减少和现任的联系，每当思念对方时就回想对方的恶劣行径，于是渐渐放下了这段感情。

总之，**拒绝恋爱脑，其实只需要三个步骤：先发现问题、承认错误；然后分析问题、想出对策；最后落实行动、绝不回头。只要做到这三点，就能培养出理性的人格。**

当你开始能够理性看待自己的事情，同时也能够给自己好的建议时，那么你便步入了正轨。恭喜你，这时的你已经培养出了理性思维。

第三节 | 别用我的善良绑架我

在网络中，大家对 PUA[①] 的议论热度一直居高不下，但谈论的话题大多都是"被 PUA 的经历"和"被 PUA 的表现"，却很少有人提及"拒绝被 PUA 的方法"。不提及如何对抗 PUA，犹如看病治标不治本，最终所做的一切都是无用功。

每一个女该都应当保持警惕，做到彻底地拒绝 PUA。这一章的内容，就是来告诉大家如何走出 PUA 的。

会被 PUA 的原因

人之所以会被 PUA，是因为他们本身缺乏坚定的正向

---

① 网络词语，多指在一段关系中通过言语打压、行为否定、精神打压的方式对另一方进行情感操纵和精神控制。

信念。

通俗地说，你所相信的东西就是你的信念。你所相信的，往往会变成你所拥有的，而你所拥有的，往往最后就会改变你。如果你的信念足够坚定，那么外界的纷繁芜杂都无法改变和玷污你；如果你的信念脆弱而又消极，那么负面情绪便会乘虚而入。

人有了信念，就会不断为走出困境添砖加瓦，从而促使自己坚定不移地走下去。

然而，一旦信念是动摇的、负面的，对人的影响便大相径庭。比如你的男朋友总是拿你与他人比较，借此贬低你，如果你的意志不够坚定，反复回味这句话，继而反省自己不如别人的地方，那么此时，你就是被 PUA 了。如果你对这种情况不加以警惕，未来他对你的 PUA 只会变本加厉。

所以，想抵制 PUA，首先要坚定信念，拒绝负面的心理暗示。

拒绝负面的心理暗示

当一个人产生负面信念的时候，感情就会出现负面信号，人也会因此产生诸多负面情绪。

一些自卑的人总认为自己条件不佳，觉得自己的颜值、身材、家庭、能力都不如其他人，这就是一种负面的心理暗示。给自己这样的负面暗示越多，人越自卑，也越容易被 PUA。想要自信，首先就要坚定意志，并告诉自己：我很好。

歌曲《打回原形》中有这样一句歌词："若你喜欢怪人，其实我很美。"这便是给予自己积极暗示的表现，既没有掩藏与扭曲自己的缺点，又敢于肯定自己的优点。有一句老生常谈的话是"自信的女人最美丽"，这句话乍一听很空洞，但其实蕴含着一个真理：**别人如何定义你，有时取决于你如何定义自己。**

大多数自信的人都认为伴侣是爱自己的，觉得自己值得拥有最好的感情。当他们怀着这样的信念时，就会从自己身上找到诸多值得被别人爱的理由，而这些理由又会被他们内化成信念，于是他们变得越来越自信和强大。

只有你的信念足够强，别人才会积极地回应你。如果你的信念不够强，你就可能会被 PUA。

建立自我标准

有的女孩之所以被 PUA，就是因为没有建立起自己的标准和原则。她们的标准是别人制定的，因为她们自身的原则非常模糊。这类女孩的标准只有"感觉"，她们不知道自己想要什么，只能跟随感觉走。但感觉上的体验往往不是真实的，因为感觉通常都不靠谱。对方只要稍加运用手段就能营造出一种假象，于是这类女孩在最后都感觉自己上当受骗了，却又无法自拔。

当一个人没有信念、没有自信、没有原则时，就会被别人牵着鼻子走。

有的男人会说："我不喜欢太注重物质的关系，我希望我们的爱情是纯洁的，所以不想和你有金钱上的瓜葛，因为那样的感情不纯粹。"如果你缺乏自我标准，完全接纳他的观点，就会开始陷入自我怀疑。你会思考："对呀，我们谈的是感情，又不是物质。我不需要他为我花钱，我自己也可以养活自己……我是不是太拜金了？像我这样的人真不好……"

久而久之，稍微让对方付出一点儿，你就觉得亏欠了对方，而对方也感受到了你脆弱的信念，觉得你很容易"拿捏"。每当你需要他做些什么的时候，他便引出这套说辞，甚至说一些更难听的话。

有些女孩总是被人 PUA，就是因为她们总是围绕着对方的喜好去改变自己，**自己原有的信念就在一步一步动摇**。

但其实对方喜欢什么、不喜欢什么都不是最重要的，因为那只是对方的偏好。尊重你自己的喜好才最重要，你只需要做好自己的事情。你要看到自己的长处，继而放大自身优点去吸引对方，而不是刻意迎合对方的喜好。

很多女孩总是会把自己逼成一个敏感的人，每当对方不开心时，便觉得自己或许真的做错了什么，甚至认为对方不再需要自己了。但你其实并不需要如此多心，对方不开心了，可能是因为他遇到了烦恼，而不是因为你。但也有可能对方是变心了，因为当一个人和你在一起的时候，他的内心总是需要你的。

所以，女孩子们要做的就是少一些猜疑和自卑，多一些坚定和自信。你必须给自己足够的正面心理暗示，建立起自己的处事原则。与其自问"他还需要我吗"，不如多问一问自己："你需要他吗？他可以达到你的预期和标准吗？"不要搞得像离开对方，自己就不能活一样。

当你的意志力变得强大的时候，就是你彻底走出 PUA 的时候！

第四节 | 理性地亮出自己的底线

举个最简单的例子：假如你与你的另一半相约去吃饭，当天你盛装出席、满怀期待，临出门时却被对方放了鸽子，这时你会怎么做？

错误的做法是，无条件地理解对方，完全不顾自己的情绪，只说一句"那你快去忙，我们改天再约"，就草草了事。**你顺从地接受，其实是对这种行为的变相鼓励。**如果你心里不舒服，就要有所表现，否则对方永远意识不到要约束自己的行为，以后很可能会变本加厉。

正确的做法是，**你需要理性地表达自己的情绪和需求。**你可以说："好的，那你去忙吧，注意身体。但是你要知道，你放了我的鸽子，而我很不喜欢被人爽约。"事后，也不要主动询问对方下次约见的时间安排，因为是对方有错在先，所以应该是对方向你问询，是他需要弥补对你造成的损失。

就这样，**不盲目妥协，在不失礼貌的情况下表达自己的不满，继而展现自己的处事原则，告诉对方自己的雷区，这便是亮出了自己的底线。**

当一方出于疏忽或其他原因给另一方造成损失时，过错方必须主动弥补，只有对方感受到了诚意，才能继续合作下去。

再举个婚后的例子：假如结婚后，你的老公一直对你很好，你的家庭也一直很幸福。但突然有一天，你的伴侣出轨了，你们长期的合作关系突然遭遇对方的背叛，这时你会怎么做？

有些人会选择隐忍，这种做法大错特错。如果选择忍受或视而不见，会使自己的底线变得模糊不清，也就是在变相鼓励对方的行为，对方会觉得自己犯的错并不会产生任何后果，于是越发越界。

正确的做法是，勇敢离开这段错误的关系。

每个人在感情中都要做一个大方的、敢爱敢恨的人。你可以对别人好，但更要守住自己的底线。错误的付出会导致沉没成本的出现。你的付出应当是有条件的，你的温柔应该是有锋芒的。价值的平衡感取决于你内心的状态，绝不要掉进低价值的陷阱。

第五节 │ 拥有高价值感的底线

人们有时会犯这样一个错误：自己的另一半对自己不好，对方不认真经营感情，时常对你冷暴力，甚至和别人暧昧、出轨……对方做了很多很多的错事，你们的关系出现了大问题，可你就是离不开他。

你知道吗？**你越是舍不得离开一个错误的人，对方便越会为非作歹**。想要获得高价值感，就不要犯这种错误，你必须舍得离开。如果你不做出一些行动，那么你的状态只能是每况愈下。一个不认真经营你们关系的人，你必须离开他，这时他就会明白"人不如故"的道理，毕竟人总是在失去之后才会懂得珍惜。

在一段感情中，最难的事情并不是让对方喜欢上自己，而是鼓起勇气并下定决心离开一个你喜欢但又不适合自己的人。

搭错车不可怕，舍得下车才是智慧

想要得到对方的珍惜，甚至让对方离不开自己，首先你要有舍得离开的勇气。这其实是有些反常理的，但现实就是如此。只有你舍得离开，对方才会害怕失去你，求你不要离开，这是人性使然。

这并不是耍心眼和玩套路，更不是感情中那种随随便便就以分手为要挟的无理取闹。"舍得离开"是一段感情中非常健康的心态，这种心态源自自信和自爱。你需要时刻明白：如果对方在感情中不够投入或对你不好，甚至完全不尊重你，时常欺骗你……对于这样的人，你必须舍得放下，必须要敢于离开他，必须要有勇气走出这种不良的关系。

舍得离开，是高价值的终极表现。

可以试想一下：人们最不尊重、最看不起的是什么人？是那种连自己都不尊重的人。有时候，一个明明自身条件很好的人，可当他面对另一半的敷衍和出轨时，反而去求复合，这是极其荒唐的做法，是没有底线的行为。这类人有一个共性——无论对方对自己多不好，但就是舍不得做个了断。那么，连自己都不尊重的人，怎么能指望获得对方的尊重呢？

所以，**不要做任何自降身价的事情**。当你清楚自己的底线时，对方是会有所察觉的；当你随时保持着一种来去自如的状态时，对方也会感受到你的自尊与自爱，继而明白他自己并不是这段关系的中心，你不是他的追随者，更不是非他不可。他会因此明白，如果不好好对你，你就会随时奔赴下一个"更优解"。这时候，他会对自己产生怀疑，你的自我价值也就体现出来了。

女生，你需要有底线。只有看到你自身的价值，对方才会更加珍视你。

敢于设底线的人，才能掌控关系

只要对方出现忽视你、轻视你的感受等行为时，你就

必须让对方清楚，你不接受这一切。你的这种表达，就是在表明自己的底线。

底线的标准是因人而异的，你必须有自己的底线。

底线就跟字面意思所表达的那样，是最低标准。如果对方连最低标准都达不到，那么你们就可以直接免谈了。比如你的另一半总是喜欢和其他人搞暧昧，你必须及时勒令他终止自己的不当行为，你的这种严肃制止就是在表明自己的底线。如果对方对你的底线置之不理，那么你们的关系也可以结束了。

当你想要维系一段长久稳定的感情，对方却抱着玩一玩的心态、给不了你想要的关系时，你就需要亮出自己的底线了，你需要让对方清楚地知道哪些是你不接受的事情。一旦对方出现越界或不配合的情况时，你必须有放手的勇气，这是一个成熟的人所应该具备的最基本的能力。

亮出底线后，不管对方是珍惜你还是离开你，你都是赢家。如果对方更珍视你，那么你会收获更多的尊重；如果对方离开你，那么你是在及时止损。

忍让有底线，翻脸要趁早

然而，**底线光"有"还不够，你的底线还必须是真实的，不能只限于口头上，要勇于执行。**

有些人所谓的"底线"只是一种虚张声势，是无效的烟幕弹。嘴上说自己有雷区，却在自己的底线被践踏时委曲求全。一面懊恼，一面又不舍得做个了结。这种**不愿意放手的妥协，只会让自己越发被动。**如果你不是真的决心离去，只是将分手这件事情作为一种威胁，那么对方很容易就会看穿你的伎俩，你虚假的底线会沦为一种无理取闹的"作"，对方在识破后会越来越觉得你很"廉价"。

你必须有那种舍得离开有害恋情的认知。不要把离开变成一种表演，不要将这种话时时刻刻挂在嘴边。

底线是由语言和行动一同构成的。"语言"指你要说清楚自己的禁忌，要明白地告诉对方自己不接受什么样的对待，说得越详细越好；如果你不认真交待，那么对方也不会认真对待。"行动"指如果对方不去约束自己的行为，且

持续侵犯你的禁区时，你必须转身离开，绝不拖泥带水，这是保全自尊的做法。

你的行动是必不可少的！如果你的底线只在口头上，而从来不付诸行动，对方必定会觉得你很好"拿捏"，认为出现问题后只需要简单哄你一下就够了。此后他会更加肆无忌惮地伤害你，因为伤害你，他根本不需要付出什么代价。你的行动缺失会大大降低对方的犯错成本，你也会因此变得越来越没有底线，最终彻底失去主动权，从而陷入被动、卑微的境地。

你的忍让，是让对方持续怠慢你的动力。

所以，不要忍让，你的底线必须亮明，必须让对方为自己的错误行为付出代价。

千万不可触碰的关系底线

1. 忠诚是第一原则，不接受背叛；

2. 暴力行为只有 1 次和无数次，对暴力绝对零容忍；

3. 不与前任联系，不拿现任与前任对比；

4. 充分尊重对方家人；

5.不冷战、不翻旧账，就事论事；

6.不把分手、离婚挂在嘴边；

7.坚决杜绝语言暴力、行为暴力、冷暴力等所有暴力行为。

假性分手的把戏不能玩

有些女孩总在沾沾自喜，她们在每一次关系出现问题时都会吵嚷着要分手，而男友也都会认真挽回，于是这些女孩就认为自己成功守住了自己的底线。但这是一个很严重的错误，这根本不是底线，这是"假性分手"。**一旦假性分手的把戏玩多了，结局势必会演变成真正的、不可挽回的彻底决裂**。很多人就是因为受不了这种一次又一次的威胁而失望离开的。

所以，"舍得离开"并不是假装分手让对方来挽留，以此大刷自己的存在感。**"舍得离开"是愿意将自己从一段不**

好的关系中主动抽离出来的真实态度，是一种让对方表现得越来越好的正向的"威胁感"。

有底线，对方才会感觉到你有脾气、有能力、有自尊。你的底线是你的筹码，会让对方知道你不是被怎样对待都可以的。

爱情不是无条件的，爱情能够延续下去的一个最重要、最基本的条件是对方要对你好，对你投入。如果连这最基础的一点都没有做到，那怎么可能让你无条件地爱他呢？又怎么会让他加倍珍惜你呢？

如何让"舍得离开"奏效

想要让"舍得离开"奏效，你必须确定你们二人是有情感基础的。即对方在乎你，你对他有吸引力，他对你有较深的感情，也为了你真正地投入过。如果对方对你不是认真的，那么你的离开就不会让他有任何紧张感，人根本不会在乎自己不怕失去的东西。

如果对方在得到你后不珍惜你，出现对你敷衍、怠慢甚至厌烦的情绪，你在这时亮出底线，就等于在警告对方：你最好给我清醒一点，可千万别以为我非你不可。

对方就会意识到，如果自己不做出些什么改变，你可能真的会从他的人生中永远退场。于是一种莫大的空虚感袭来，他就会鞭策自己重拾从前的好状态，继而更加认真、积极、主动地投入这段感情中。也正是因为他这样不断地投入，他才会觉得你就是他生命中重要的人。

底线，是一个人实现长期拥有吸引力的重要组成部分，这种心态会重构你在一个人内心的分量。

当然，离开是要把握好度的。我们的确要舍得离开，但不要随随便便就离开，那是极度不成熟的表现。

当你和另一半发生矛盾时，不要立刻就离去，而是要先好好沟通。你需要掌控好自己的情绪，调整好自己的语气，用理性又不失认真的方式去表达你的态度，让对方理解到你对他的期待和需求，也让他清楚地知道需要做什么才能避免失去你。

不过，在这一过程中，对方也会提出他的诉求，你同时也要权衡一下自己的行为，做出相应的改变。你与他的这一系列交互其实就是一种磨合，如果一直磨合失败，再选择离开也不迟。真正的离开，往往发生在沟通失败过后。

所以，遇事要先沟通，要及时表达感受，让对方理解你的立场，并且和他一起想办法改变。沟通和"作"的区别，就在于能否在不破坏关系的前提下解决相处中遇到的问题。

自我沉溺的女性，自我拯救的男性

男生和女生在对待感情问题时，所做出的选择明显是不同的。比如在所遇非人的时候，有很多女生会一面声泪俱下地哭诉，一面原地踏步，始终迈不出离去的那一步。即便她们身边的人反复劝慰她们"不要在一棵树上吊死"，可她们就是听不进去。在别人提出"分手吧，去多结交结交新的异性，掀开新篇章吧"的建议时，她们往往会说"我现在对别人都没有感觉""我对别人没兴趣了""不行，我怕离开他后就再也找不到合适的人了"。而很多男生的选择截然相反，他们会问："那我怎么才能吸引更多异性呢？"

从中可以清晰直观地看出男女的区别——**在面对复杂的情感问题时，女生往往更多地倾向于自我沉溺，而男生则往往更多地倾向于自我拯救。**男生调整负面状态的速度要远远快于女生。女生更容易陷入"唯一陷阱"，她们觉得对方是自己的唯一，就算再怎么亏待自己，自己也不能离开对方，因为找不到更好的了。

要知道，如果一个人很害怕失去对方，并为了挽留对方不断放低自己的姿态时，就会沦为对方的追随者甚至奴隶。总做那种自我感动却在对方看来是多余的事情，只会让自己越来越卑微。一味地妥协会让自己变成一个盲目的奉献者，对方却成了一个慈悲的施舍者。

当你逛街看好了某件东西，老板说一分钱也不能便宜，这时你会自然而然地选择离去，继而通过货比三家找到性价比更高的商品。感情也是一样的。当你的另一半"性价比"过低时，你怎么在此时就失去了"货比三家"的理智了呢？

你不妨自问一番：没有他，你就找不到别人了吗？世界上只有他这一个异性吗？你不配得到很好的对待吗？如果不是，那么你在坚持什么？

你是愿意一直在一个不爱你的人身边当一根野草，还是愿意被爱你的人奉若珍宝呢？

答案不言而喻。

你，是时候逃出"唯一陷阱"了。

第五章

情绪回应：
高情商沟通，让对方更依赖你

> 一个人必须知道该说什么，一个人必须知道什么时候说，一个人必须知道对谁说，一个人必须知道怎么说。
>
> ——彼得·德鲁克

"我懂你，就像你懂自己。"如果在沟通中，你可以让对方产生这样的愉悦体验，那你的存在必然是不被忽视的。倾听要有艺术，你不仅仅要做一个听众，还需要作为情感的指挥官，调动对方的表达欲望。

　　共情式倾听不只是耳朵在工作，而是全身心的投入，是触及灵魂的深度对话。每一次交流都是情感的熔炉，学会在交流中共情式倾听，能经营出坚不可摧的关系和感情。

第一节 | 会聊天，拉满好感度

生活中有这样一类人，他们很善于经营关系，让人如沐春风，无论是同性缘还是异性缘都好到爆。

从心理学角度来看，这类人掌握着一套极具吸引力的好感逻辑。如果你能学会，那么你的所有关系都会在现有基础上变得越来越好。

将聊天的重心放在对方身上

无论是亲密关系还是其他人际关系，都需要沟通的艺术，人和人的关系都是在沟通中升级的。

高情商的人是很懂得沟通技巧的，他们很懂得"围绕对方来聊天"。要知道，**聊天的底层逻辑就是围绕对方表达**。假如对方是健身爱好者，那么你在与对方闲聊时可以围绕对方的身材展开话题，但切忌过犹不及。

怎样掌握好这个度呢？当你们的聊天变成了一问一答并且索然无味的时候，表明对方已经对聊天失去兴致了，这时候你要及时做出调整了。

比如当你们有如下对话的时候，就说明对方已经在耐着性子和你聊天了：

"你经常健身吗？""嗯。"

"你健身多久了？""三年。"

"你是如何坚持这么久的？""因为喜欢。"

如果你在对话中察觉到对方回应趋于简短，只答不问，那你有必要适时调整策略。

例如，原本的对话可以这样转换：

"你经常健身吗？""嗯。"

察觉到对方可能不太愿意深入这个话题，你可以这样继续推进聊天：

"看来你是个健身达人呢！我偶尔也想去健身房，但总是动力不足。你是怎样找到坚持的动力的？有没有什么小秘诀可以分享给我这个健身新手？"

这样的提问不仅展现了你对对方的佩服，也巧妙地为自己开启了一个参与讨论的空间，让对话有机会变得更具互动性和更加深入。

围绕对方展开的聊天有个三段式沟通法则：开放式询问、共情式倾听、探索式深入。

开放式询问，是指通过提出开放式问题来引导对方分享更多关于自己或相关话题的信息。这个阶段的核心是展现出你对对方的兴趣和关注，给予对方充分的空间和时间来表达自己。

场景：你正在和一个朋友聊天，他刚提到最近对摄影产生了兴趣。

开放式询问："哇，你对摄影产生兴趣了啊！能跟我说说是什么让你对这个领域产生好奇心的吗？"

共情式倾听是在对方分享之后给予积极的反馈，比如

肯定对方的观点、感受或经历。这可以通过简单的肯定语句、点头表示理解或者分享自己类似的经历来实现。在这个过程中，可以寻找与对方产生共鸣的地方，加强彼此之间的联结。

继续上述场景：朋友开始讲述他第一次尝试拍摄日出时的兴奋和成就感。

共情式倾听："听起来那次拍摄日出的经历真的很棒！能亲眼见证并记录下那么美丽的瞬间，肯定非常有成就感吧。我也能理解那种站在大自然面前，感受到自己渺小的同时又无比幸运的感觉。"

在这里，**你通过肯定对方的感受**（兴奋和成就感），**并分享自己类似的情感体验**（站在大自然面前感受到自己的渺小与幸运），**来展现出你的共情能力**，加强了你们之间的情感联结。

最后是探索式深入，这一部分取决于共情式倾听过程中对方的回应。如果对方表现出想要快速结束谈话，就可以不展开这个阶段了。如果对方滔滔不绝，那你可以尝试抛出下一个话题，来为对方的进一步自我分享铺路。

继续上述场景：朋友因为你的反馈而更加兴奋，开始详细描述他拍摄过程中的一些技术挑战和解决方法。

探索式深入："听起来你在拍摄过程中遇到了不少技术难题，但最终都找到了解决办法。那你有没有遇到过让你几乎想要放弃的、特别棘手的问题？你是如何克服的呢？"

这个问题不仅基于对方之前的分享（技术挑战和解决方法），还进一步探索了对方在学习摄影过程中可能遇到的更深层次的挑战和成长经历。这样的提问能够鼓励对方进行更深入的自我反思和分享，从而加深你们之间的对话深度。

三段式沟通法则不仅能帮你更好地了解对方，还能够促进彼此之间的情感交流和信任建立，帮助你在聊天过程中始终保持真诚、尊重和理解的态度，让对方感受到你的善意和关心。

学会三段式沟通法则，能够让你的人缘变得好很多。

从三大维度正确地提供情绪价值

会提供情绪价值最直接的表现是会夸人。

晚餐时分，你的伴侣正在厨房里忙碌着为你准备晚餐，厨房里飘散出阵阵诱人的香气。你走到厨房门口，看着伴侣熟练地翻炒着锅中的菜肴，脸上洋溢着幸福的笑容。这时，你可以温柔地说："亲爱的，你炒菜的样子真的好迷人。每次看你站在灶台前，专注地调火候，翻炒食材，我都觉得特别安心。你不仅厨艺高超，而且每道菜都做得那么用心，色香味俱全，让人一看就食欲大增。有你在我身边，感觉每一天都充满了温馨和幸福。"

这段话蕴含三个维度——**第一，表达感受；第二，陈述事实；第三，做好对比。**

表达感受："亲爱的，你炒菜的样子真的好迷人。"这句话直接表达了你对伴侣的欣赏和迷恋，让对方感受到你的情感投入。

陈述事实："每次看你站在灶台前，专注地调火候，翻炒食材"，在这里你具体描述了伴侣炒菜时的动作和态度，展现了其用心程度；"你不仅厨艺高超"，则是对伴侣厨艺的直接肯定。

做对比："而且每道菜都做得那么用心，色香味俱全，让人一看就食欲大增。"这里你通过对比一般菜肴和伴侣所做的菜肴，强调了其独特之处和吸引力；"有你在我身边，感觉每一天都充满了温馨和幸福"，则是将伴侣的厨艺与你们共同生活的幸福感相联系，进一步提升了夸奖的层次和深度。

这样的夸人方式既温馨又具体，能够有效增进伴侣之间的情感交流，让对方感受到你的爱与关怀。

这种"三维度"夸人法则值得所有人学习，且适合应用进各种社交场合当中。生活中很多情商高、会夸人的人运用的都是这套逻辑。你夸得越具体、细节越多，说明你夸人的能力就越高，你给对方提供的情绪价值也就越高。

例如，你的同学送了你一个礼物，你可以说："我感到好惊喜，谢谢你！你真的很用心。我觉得你审美水平很高，所以挑选的礼物也特别有格调。"

"感受"是你很感恩与惊喜。

"事实"是你觉得对方审美水平很高。

"对比"是你觉得对方挑的礼物更加特别。

好感度提升大法

此外，还有一则行之有效的"好感度拉满大法"，值得我们所有人深入学习。

如何把对自己的好感刻在对方的心里？其实只需要肯定对方即可。

不论对方说什么，哪怕是对你的攻击，你也不要急于否定，而是可以多使用"嗯""是的""你说的没错""行"等字眼，且要用递进的方式，而不是转折的方式。

即便别人抨击你、辱骂你，你也要学会积极回应——把同样的情绪传递回对方。

第二节 | 高情商五步沟通方式

沟通是一门艺术，但并非所有人都掌握了这门艺术。

很多人沟通时情绪不稳定，有时习惯性地指责别人，有时又直接拒绝交谈，于是时常会和别人发生争吵。不论指责对方还是拒绝交谈，都属于无效沟通。无效沟通是说不到问题的重点，折腾了很久把自己气得不行，可对方根本不知道你要表达的是什么，问题完全没有得到解决。如果没有良好的沟通，那么不论在亲密关系、人际关系还是亲子关系当中，我们既会消耗他人，也消耗自己。

掌握一些沟通技能，可以保障你生活快乐。

接下来的五步沟通方式，能够帮助你解决大多数沟通问题。

必须沟通，拒绝冷战

不沟通的人习惯压抑自己的情绪。如果你一直拒绝沟通，长此以往，你自身的需求就一直得不到满足，对方也根本不知道你是怎么想的，从而无法给予你帮助。当对方习惯了不与你沟通和互动时，你便变得更难以表达自己，最终进入死循环。所以，要学会沟通，沟通是解决问题的基础。

把所有话语开头的"你"字换成"我"

习惯指责别人的人时常说"你太让我伤心了""你为什么这么对我""这件事就怪你""如果不是你，我们也不会……"每句话都充斥着"你"字，这样的句式带有强烈的指责和批评对方的意思，对方听到后会非常不舒服，于是更大的矛盾便由此爆发。把话语的主体由"你"换成"我"，就能够有效解决这一问题。

"我认为"（观点）+"我感觉"（感受）+"我想"（立场）

陈述一件事的逻辑时要同时满足这三点。"我认为"代表你对这件事的看法和观点（不一定非以这三个字作为固定开头，但可以用你的语言去做统一的转换，只需保证中心思想不变即可）。要直截了当，且只是单纯地在陈述事实，不要附带任何情感色彩，更不要用攻击性的语言对别人的动机加以评判，比如"我认为你这么做并不是最明智的""我觉得这件事你做得很好"。

"我感觉"是表达你由这件事萌生的情绪。你只需要简单陈述自己的情绪就好，不要带有任何贬义的成分，比如"我感觉很开心""我感觉不舒服""我感觉心理很不平衡"。"我想"是表达你的需求，即你希望对方怎么做，你要求的一定是让对方在行动上做出改变，而非态度上的改变。表达需求要清晰，不能带有任何保留和犹豫，更不要咄咄逼人，比如你不应该说"不要生气了"，因为这是没有用的，情绪是不受人控制的，你能要求的只是别人的行动，如"你先冷静一下吧，我们半小时后再谈"。这一步最重要，前面所做的都是在为这一步打基础。

你的要求必须具体，并且是容易实现的

你的要求越具体，对方就越容易满足你的需求，你们的沟通也就越顺畅。如果你想让自己的另一半接你下班，不要直接说"你来接我吧"，因为这不够具体，你应当说"你在晚上六点半的时候来我公司楼下咖啡厅接我吧"。你在提出要求时需要掌握好分寸感，刚开始只提一点点要求就好，不要对对方有太大期望，因为对方是不可能一次就让你满意的。

给出你的解决方案

当"我认为"＋"我感觉"＋"我想"的表达未能奏效

时，你需要在后面加上"我的方法"，即给出你的解决方案，你给出的方法是在告诉对方：你们是两个相互独立的个体，你不需要依附对方而存在，你有自己解决问题的方法，比如"如果你没有办法打扫卫生，那我就只好雇个保姆了。""你如果不来接我，我就打车吧。"

需要注意的一个原则是，不要威胁对方，你只管向对方传递信息即可。

是否使用这一步，要根据事情的推进程度来定，如果前三步用完后，事态已经向好的方向发展了，那么就无需再使用了。

第三节 | 会倾听，才有表达的权利

在与他人构建关系时，学会倾听是极其重要的。

良好的沟通一定是双向的，有一句老话叫"会说的不如会听的"，说的就是这个道理。**在社交中，有时候光是倾听就已经能给对方提供很多情绪价值，因为每个人都希望自己的内心被人听到和看到，当被关注到时，人会产生一种被理解、被接纳、被关爱的满足感。**

但"倾听"也是有讲究的。倾听是一个主动的过程，绝不是被动的。

主动倾听，承担起真正理解对方的责任

如果你在交谈中不能理解对方的感受和想法，就需要

主动询问对方——"我不太确定你刚刚说的是什么意思，你能再给我解释一下吗？""关于你刚刚说的这些，我应该去做点什么呢？你能详细讲一下吗？"当你问问题越主动、越多时，你了解的信息也就越多，你便越有可能找到一个折中的解决方案和双赢的处理办法。

能提供高情绪价值的倾听者一定是一个经常问问题的人。问问题代表着你在意对方，代表着你把话题的重心放在了对方身上。

倾听的误区

有一些普遍存在的错误倾听方式是应该注意的，这些倾听方式会导致你给对方提供负面的情绪影响。

第一，胡乱猜测。对方还没说完话，你就觉得自己已经很了解对方的想法了。

第二，自顾自说。不听对方说话，只是一味地表达自己的想法。

第三，选择性倾听。只听重要的和自己感兴趣的内容，其余内容都不听。

第四，随意插嘴。还没等对方说完，你就已经开始插嘴甚至随意评论了。经常评论对方的话，而不是理解对方的出发点。

第五，经常溜号。对方在说话时，你经常表现得心不在焉。

第六，缺乏耐心。没有耐心听对方把话讲完。

第七，争夺输赢。总想贬低别人，抬高自己，逞一时口舌之快。

第八，以自我为中心。总是认为自己是对的，拒绝接受对方的观点。

第九，假意迎合。还没等搞懂对方的感受和真正的用意，就开始曲意逢迎。

好的倾听者的特质

想要做一个好的倾听者，需要满足四点。

第一，要专注，不能只关注自己的需求，还要考虑别人的需求。

第二，只听，但不做评判，更不要去责备对方，你只要讲清事实和自己的感受就可以了。

第三，要给予对方必要的认可。想要进行高效的沟通，认可对方是一个很不错的方法。在对方讲话的时候及时给对方回应，让对方感觉到你不仅在听，而且能理解他/她说的内容。

第四，要在倾听中发挥共情的力量。实现共情的逻辑很简单，只需要让对方产生"你很懂我"的感受即可。共情的一个误区就是没有共情到点子上，但只要做到以下两个层面，就能帮助你实现"有效共情"。

第一个层面，是要在自己情绪积极的时候再去共情别人。要知道，自己在情绪很糟糕的时候是没有办法照顾别人的情绪的，因为这时候你自己都需要别人的关心和爱护，你的情绪都不饱满，又如何有能力去安抚别人呢？

第二个层面，是要完全站在对方的角度去思考，去感受对方的情绪。共情的关键在于理解和允许。如果你的伴侣向你抱怨工作上的不顺，并表示自己想要辞职时，你不要居高临下地教导对方："你看看你，你都这么大的人了，怎么还这么冲动？辞职对你有什么好处？"这样的表达其实是在用你自己的感受去否定对方的感受，它在传递一种信号：我觉得你这样不对，你应该按我说的去做。此时你不妨换位思考一下，如果你遇到了这样的烦恼，却有人一直在你旁边喋喋不休地说教，你会是怎样的心情？

对方和你讲这些，并不代表他不懂上面这些利弊。他在冷静的时候是能够权衡利弊的，只不过现在他气愤至极，没有办法保持冷静。他需要的是情绪上的共鸣，当他的负面情绪消退之后，自然而然能理智地考虑问题。

正确的表达参考如下："亲爱的，我知道你很难过。你心里是怎么想的？说出来，我听一听。"在对方讲完之后，你应该告诉对方："有我在，不要怕，我们一起想一个万全的对策，你做什么决定我都支持你。"这才是共情。

自我评测——你是一个好的倾听者吗？

你不妨先给自己进行一番测试，看看自己究竟哪里存在不足。

在自我需求方面，你是否明确了解自己的需求？你是否在倾听中清晰而诚恳地表达了自己的意见和情绪？

在倾听专注方面，你是否足够认真？你是否做到了不评判、不责备对方？你是否仅仅表达出了事实和自己的感受？

在认可对方方面，你是否对对方所说的内容做出了回应，并且进行提问，以确保自己完全听懂？

你做得越好，就越能给对方提供高的情绪价值，你和对方的关系也会变得越好。

第四节 | 万能双赢沟通公式，拉满情绪价值

如今很多人都对"情商"一词感兴趣，但对情商的了解往往十分粗浅，更不知道如何应用。实际上，情商高并不是单纯的会说话、会接话、会活跃气氛、会展现人格魅力……**真正的高情商是既能够成全自己，也能够成全别人。**

"情商""情感"与"情绪价值"是极容易被混淆的概念，因为这三者有相似之处。一般来说，只要提高了情商，就能掌控情感，从而提供给他人更好的情绪价值。提高情商没有门槛，也没有时限，每一个当下都是提升它的好时机。

万能双赢沟通公式

社交中虽然千人千面，但也有一套万能双赢沟通公式

可以应用。这套万能公式适用于各类人际关系。

万能公式只涉及三个要素：

"自我满足"＋"成全对方"＝"意愿达成"。

简而言之，就是你满足自己的同时又取悦了对方，最终实现了双赢。这一公式的重中之重就在于你最后是否满足了自己的意愿。

想必你一定有和某人相处过后觉得很不舒服的经历。你之所以觉得不舒服，其实是因为你的个人能量被消耗了。有可能是因为对方是个情绪黑洞，吸走了你大量的能量；也有可能是因为你本身的能量储备就很低，接触消耗你能量的人就会十分抗拒。

不懂得拒绝的人能量普遍都较低。正是因为不好意思拒绝的同时又不去提高自身能量，才导致他们的能量一直处于被消耗的状态。有些人在感情中觉得不幸福，也是因为自身能量低。想要变得高能量，就先要变得高情商。

高情商的人都懂得"自我满足"，只有个人的自我满足实现了，才能逐步累积能量。你每次满足自己，都会为

自己累积一次能量。做自己喜欢的事，就等于为自己注入能量。

　　只有当自己的能量在满足自己且有剩余后，人才能释放能量去满足别人。如果你自己都是匮乏的，又靠什么去爱别人呢？关系交互的本质在于你在用自己的高能量去解决他人因低能量而解决不了的问题。你给自己聚集的能量越高，就越能够从容地解决问题，别人也越会觉得你办事举重若轻。

　　运用这个公式去处理关系能把你打造成一个高能量的人，你才能在与人相处时向下兼容。比如当你被老板批评以后，你觉得很伤心，此时你会怎么做？有人会大发雷霆，而后毅然决然地决定辞职；还有人会选择忍气吞声，躲在角落独自委屈难过。但这两种选择都是错误的，结果殊途同归，都会导致个人的能量值变低。辞职不干了，自己虽然一时很开心，但是没有考虑后果；而忍气吞声的做法成全了老板，但是没有实现自我满足。

　　正确的做法是，向老板承诺会改进自己的工作，并拿出自己接下来的工作计划，同时也表明自己的付出与努力，告诉老板自己应该受到足够的尊重。

做到这些，这套公式的运用便得以实现了：

对于"自我满足"来说，你彰显了自己的努力，你的付出没有被埋没。你既完成了自己的工作，又表达了自己的委屈，还维护了自己的自尊。当你不卑不亢的态度和有条不紊的工作方式都被老板看在眼里时，你就很容易受到老板的赏识。久而久之，老板会觉得你是一个可重用的人才，你也会拥有很大的晋升空间。

对于"成全对方"来说，老板的目标被再次确认，他也掌握了你的工作进度，他对工作的推进更加放心，也能感受到员工的认真和负责。当你和老板站在同一条战线上时，公司才能实现更好的发展，这种状态会不断循环，最终你和老板实现双赢。

对于"意愿的达成"来说，你化解了这次风波，能够继续在公司任职。你的做法为自己赢得了他人的尊重，你的表现给他人提供了榜样性的示范，你和老板都达成了意愿的满足。

不论在什么场合和关系当中，要想高情商地处理关系，这套公式都适用。

万能公式在情感中的应用

学会了这套万能公式后，下一步就可以将其应用到情感关系当中。

"自我满足"要求你清楚自己的需求。你必须知道自己想在这段关系中得到什么，还需要知道对方能够提供给你什么，是陪伴、安全感、名誉，还是快乐？需求因人而异，但你必须实现自我满足。很多女孩往往在感情中处于一种迷茫状态，不知道自己想要的是什么，只是做了对方的一个"小跟班"，对对方言听计从，以致最后逐渐丧失自我。当一个人内心需求得不到满足的时候，他扮演的往往是一个追随者和受害者的角色，这样的角色形象是极其失败的。女生要做情感关系的引领者，而不是追随者和受害者。

成全对方要求你学会揣摩对方的心理。如果你想成全你的男友或老公，就要认同他的价值。你要做的并不是去巴结对方，因为你还没有实现自我满足。你要做的是提供给对方适当的物质奖励与精神奖励，这些是你给对方的正面反馈。比如你可以给他买一个小礼物，可以大大赞扬他一番；又或者可以当别人的面赞扬他的优点，这样就能在实现自我满足的前提下成全对方。

　　意愿的达成也是殊途同归的，即结果必须既让你满足，也让对方开心，同时还要让关系更趋于稳定和谐。之前已经提过，经营感情就是一种"合作"，只有双方都愉快，合作才能继续下去。

　　所以，我们要在各种关系中做一个聪明人，学会运用这一公式，就意味着掌握了一套智慧的处事法则。如果能将其应用自如，你便能在各种关系中游刃有余。

第六章

情绪自渡：

高情绪价值者，从不压抑情绪委曲求全

自爱是人生最重要的投资。

——奥黛丽·赫本

很多人对一些情绪抱有一种恐惧心理，如愤怒、焦虑和自卑等。大众时常将这些情绪定义为坏情绪，但情绪并没有好坏之分。所有的情绪都是正常的，正确看待情绪、掌控个人情绪，才是我们要努力的方向。

第一节 | 能情绪自渡的人，才能过好这一生

应对愤怒

当愤怒来临时，人的情绪是很难得到控制的，也很容易在冲动之下做出过激的行为，导致最终无法收场。出于对愤怒情绪的忌惮，很多人一直致力于寻找控制愤怒的方法。

作为情绪的一种，愤怒和喜悦一样，都是正常的，我们无须克制它。愤怒是一种自保的本能，如果没有愤怒这种情绪，人就不会在面对侵犯时保护自己。愤怒是一种状态，表达愤怒却是一种行为。不是"愤怒"本身有问题，而是我们表达愤怒的方式出现了问题。其实睿智的做法是冷静而理智地表达愤怒；错误的做法是愤怒地表达愤怒。

比如和你签订合同的人违约了，你不要破口大骂，而

是要冷静地表达自己的不满："之前我们签好了合同，可是你却一而再，再而三地违规。你这样做，让我怀疑你的诚信，如果你再不履行合同，你必须为自己的失约付出代价，我们以后不会再有任何合作的机会。"这般**直接而平静地表达愤怒，比歇斯底里更有力量**。

应对焦虑

每一种情绪的背后都有其他情绪的延伸，而焦虑的背后就是恐惧。

人对某件事感到焦虑，其实是因为对未来感到恐惧。未来是不确定的，人在面临不确定性时产生了恐惧，于是便演变成了焦虑。例如，一个人在考研的过程中非常焦虑，那是因为他害怕自己考不上，一旦考不上，他就不知道自己应该何去何从；又比如一个人对自己的单身状态感到焦虑，那是因为他害怕自己未来会孤独，他无法想象孑然一身的未来会是怎样的光景。

以开心、惊喜为首的正面情绪也叫"完结情绪"，比如你收到了一份礼物，得到了一句赞美，会觉得喜悦，但你不会在这种情绪中反复徘徊，事情一过就翻篇了。所以，开心的事是一个"句号"。作为负面情绪的焦虑却不一样。**负面情绪又叫"未完情绪"，当一个人感到愤怒、忧伤、恐惧、焦虑时，他的情绪并没有完结，事情也未得到解决，于是才一直耿耿于怀**。所以，不开心的事是一个"省略号"。

知道这些后，你才能去淡化焦虑。当你开始焦虑的时候，你要明白你是因为有一件事没有解决而产生了"未完情绪"，你要做的就是把这件事找出来，然后付诸行动。解决焦虑最大的法宝就是行动，当你的行动让一件原本模糊的事情越来越具象化的时候，你的焦虑感就会越来越小。

焦虑的产生还有一个原因，那就是我们心中所想与现实存在差距，差距越大，焦虑越严重。所以，你不要在心中幻想太过不切实际的东西，那只会让你滋生烦恼。同时，你需要给自己积极的心理暗示：我能够实现我心中所想的目标。客观环境是不会改变的，如果你的心境一直不好，那你的处境就会一直很糟糕。

一些父母会对自己的孩子产生焦虑心理，是因为他们在心中构想了一个理想的幻影，而自己的孩子与自己心中的幻影存在差距，焦虑便随之产生。家长们应该清楚，自己心中的理想孩子只是虚构的，并不是真实的。

想让孩子向你的预期发展，你只能给孩子正面评估，要多去发现孩子的优点，帮助孩子放大原本的优势。如果你只盯着一个人的缺点，就算这个人再优秀，在你心里也会变得一文不值；如果一个人很平凡，但是你多关注他的优点时，那他慢慢也会变成一个很优秀的人。

应对自卑

自卑很容易让一个人陷入自我轻视的陷阱。想要让自己的心理维持健康状态，就不该总聚焦于自己的劣势。

《论语》中有言："吾日三省吾身。"指的是人应当不断反省自己的缺点与不足。但在当今社会，这句话并不能帮人塑造自信，因为总是反省自己，会让人更多地聚焦自己的不足。一个只能看到自己缺点的人，一定时常和自己的阴暗面做斗争。所以，要停止这一切。

要树立自信，我们就要看到自己的价值。独处的时候，不妨想一想，自己有什么长处？只有看到自己的优点，人生才会充满阳光，你认同了自己的价值，才能实现自我的超越。当你这样坚持一段时间之后，会发现自己的生活状况有了很大改善。

对于自己的缺点，我们要想办法调整。这种调整分为状态上的调整和心态上的调整。状态上的调整就是要通过行动去弥补自己的不足。如果你觉得自己很胖，那就去减肥、健身、塑型，从而帮助自己摆脱自卑；如果你觉得自己学历很低，那就想办法通过成人高考、专升本、考研等途径提升学历；如果你觉得自己很穷，那就想办法多挣钱，通过开源节流的方式改变自己的经济境况。

面对自卑，最怕的就是毫无行动，这样只能让人陷入自卑的泥潭，不断自我消耗。

　　对于即便付出努力也还是不能改变现状的情况，那就需要调整自己的心态了。比如你觉得自己很矮，那么不妨问问自己，个子矮真的是致命的缺陷吗？答案肯定是否定的，每一种身高有每一种身高的好处，你要学着接受自己，因为在别人眼里，你的身高很有可能恰到好处。比如你觉得自己的原生家庭对你影响很大，那么不妨和父母和解，这种和解不仅仅是和家庭和解，更多是和自己和解，你应当告诉自己：不美好的原生家庭更让我懂得自我的重要性。

　　能做到这些，你便能够有效对抗自卑的情绪。

第二节 | "致命情绪"的自我梳理

随着生活节奏的加快与日常压力的增大，当今社会情绪不稳定的人越来越多。

如今许多人俨然成了情绪的奴隶，在情绪失控的时候时常做出一些出格的行为，造成诸多不可挽回的损失，把本就岌岌可危的关系彻底搞砸。

在情感关系中，最致命的就是遇到一个情绪不稳定的伴侣。一个情绪不稳定的伴侣会让关系时刻处于剑拔弩张的状态，正面沟通无法实现，司空见惯的是大吵大闹与歇斯底里。

在产生坏情绪时，有些人会选择做出一些极端行为，如暴饮暴食、酗酒、放声咆哮、号啕大哭等。这些做法或许能起到暂时性的自我麻痹效果，但实质上纯粹是一种自我伤害行为。

另外，当一个人很"闲"的时候，也可能沉溺在不良嗜好之中，养成很多恶习。这些恶习不仅无法解决情绪问题，反而会让心境越来越低落，从而引发新的不良嗜好。

所以，我们需要通过让自己忙起来的方式来避免陷入困境，但这种"忙起来"并不是漫无目的地忙乱，而是要忙一些能让自己心情变好的事情，以让自己充实起来。

你是如何应对坏情绪的？当你的情绪不佳时，你选择如何排解？

其实，被情绪影响是人之常情，但控制好情绪是每一个成年人都应该做到的体面事。掌控坏情绪，是爱他人，更是爱自己的表现。

对于坏情绪，需要用健康的方法去化解。如果你不知道如何去做，那么不妨试一试下列方法：

第一步，列一张清单，写下你常使用的发泄情绪的方式。看一看其中有哪些不得体的偏激行为，然后回想究竟是什么原因促使你那样做的？

第二步，仔细回想，在遇到哪些类似的事情或人时，你会控制不住自己的情绪？

第三步，问问自己，做这些偏激行为真的能让自己快乐吗？事后是否经常后悔？

第四步，回想：做这些事情，常常给自己带来什么负面影响？

第五步，做一个清醒的当事人。把自己当成自己的挚友，试想如果是你的朋友做出这样的行为，你会如何规劝他？例如，你总是在情感不顺的时候喝得烂醉如泥，而后上吐下泻。那么，假如你朋友每当情感不顺后就去买醉，时常喝得不省人事，你会怎么说他？把你想说的话记下来，这就是你应该给自己的建议。

第六步，停止这些偏激行为，去试着思考有哪些有效且睿智的好举措，回想自己曾经用过哪些理智且温和的排解坏情绪的行为。点子越多越好，把它们列成一张清单。

第七步，当自己的情绪即将崩溃的时候，迅速转移注意力，从自己列出的清单中选择最行之有效的好方法。这能够防止事态继续恶化，避免坏情绪继续作祟。

如果你不知道怎样做更好，那么可以试试下面为你列出的清单：

1.画画。

2.喝咖啡。在咖啡店中静下心来，看看窗外过往的人群。

3.写作。记录自己的心境，和自我对话。

4.回想开心的事，可以多翻看老照片。

5.多参加线下活动。

6.找人倾诉。可以给朋友打电话，如果问题很严重，可以和咨询师聊聊。

7.改变妆容。换一件衣服，换一套妆容，给自己换个心情。

8.列出自己的优点，多复述自己的长处，做到正向强化。

9.运动。瑜伽、跑步、跳绳、舞蹈、游泳、骑车……

选择最适合你的项目。

10.烹饪。为自己做一顿精致的正餐，或者做些甜点。

11.改造房间。改变房间的装饰，为自己换一种生活环境。

12.看电影。可以约好友一起，也可以独自前往。

13.外出散步。去呼吸新鲜的空气，多接触自然。

14.静下心，从一数到一百。这样做简单，有时也最有效。

……

在列清单时，你应该根据自己的个人偏好选择最适合的方法。方法越多越好，最少 20 个。你拥有的选项越多，能成功转移注意力并掌控情绪的概率就越大，防止事态恶化的概率也越大。

你不妨从清单中找出一个你最感兴趣的活动，然后想一想，如果你去做这项活动，会遇到哪些阻碍？进而寻找阻碍你的原因，最终将其消除。若是实在行不通，那么你可以选择能获得同样的效果的其他活动。如果没有阻碍，那直接去做即可，要毅然决然地去做。

做这一切的目的，是帮助你跳出从前固定的生活模式，去自由、自主地想出更多更好的办法，让自己充实起来。

学会提升自己的正面情绪，能够帮助我们有效应对负面状态。想获得正面情绪，其实很简单。

董女士是一个脾气火爆的人，她时常控制不住自己的情绪，于是她的丈夫便时常遭殃。在生活中，董女士经常为了一些鸡毛蒜皮的小事大动干戈，不仅大吵大闹，还打人、砸东西。丈夫从前一直选择隐忍，但人的耐心和好脾气总是会耗尽的，丈夫在董女士一次又一次的恶语相向中最终对婚姻失望，他告诉董女士：如果继续这样下去，日子就没法过了，二人只有离婚这一条路。

直到这时候，董女士才开始反省自己的行为。我引导她练习换位思考——如果丈夫经常对自己歇斯底里，一有情绪就把东西砸得稀碎，自己会是怎样的心情？董女士开始认识到从前的自己是多么的任性，她意识到自己从前的做法根本不能解决问题，只会让问题更加严重。于是，她开始控制自己的情绪，每当脾气上来时，她便会一言不发地回到房间，关上房门，然后翻看从前的老照片。旧照片中的自己和老公还正在大学读书期间，二人一起携手走过了数不清的快乐时光，应该珍惜现在的生活。

往后的日子里，董女士运用不同的办法来化解情绪，有时是翻看老照片，有时是外出散步，有时是玩游戏……渐渐地，她能够以平和淡定的姿态面对情感关系中的琐事了，和丈夫的情感也逐渐恢复和谐。

实际上，掌控情绪，往往没有那么难，只看自己是否有决心去改变。你对待问题的态度影响着别人对你的态度，如果你能够做情绪的主人，那么你一定能把各种关系都处理得游刃有余。

第三节 ｜ 打造自己的稀缺价值

在这个竞争激烈的社会里，每个人都希望自己能够脱颖而出，被看见、被认可。要实现这一点，仅依靠表面的友好和情绪上的共鸣是远远不够的。我们需要有更深层次的东西，那就是自己的稀缺价值。

简单来说，稀缺价值就是那些别人难以复制或替代的能力、知识或经验。它就像我们手中的一张独特名片，让我们在众多人中显得与众不同。比如，你有超凡的沟通能力，能够轻松化解矛盾；你有深厚的专业知识，能解决别人解决不了的问题。这些都是你的稀缺价值。

那么，为什么要打造自己的稀缺价值呢？因为它能帮助我们在职场上获得更好的机会，提升竞争力。当你掌握一项别人没有的技能或知识时，你就有了更多的选择权，可以挑选更适合自己的工作，而不是被工作挑选。同时，稀缺价值也能让我们在人际关系中变得更加自信和有分量。

本书主要聚焦于关系里的情绪价值，所以我们暂且不论一个人的稀缺性对于自己职业发展的影响，只说下一个人在关系上的稀缺性，以及打造关系中稀缺价值的方法。

一个人在关系上的稀缺性可以表现在三个方面：支持力、生活力和思维力。

支持力：人性中的"必需感"

亚当·斯密说："人，天生并且永远是自私的。"每个人的行为都能反映出他的动机，而基本上所有的行为动机都指向利己，所以从人性角度来看，一个人所珍惜的关系一定有着利己的成分。我们可以这么理解，即一个人越能在他人需要时提供实质性的帮助，他越能在关系中占据不可或缺的位置，因为能够给对方提供实质性帮助的个体，能够最直接地满足对方的利己需求。

如果一个人有着强大的支持力，无论对方遇到的是工作中的难题，还是生活中的情感挑战，他都能送去温暖，陪伴对方共同面对，那么这个人的关系稀缺性就比较强。

我们常听到一句话：锦上添花易，雪中送炭难。但凡在生活中有跟他人借钱经历的人，都会对这句话特别有感触。你生活中有很多朋友，平日里聚会吃饭、随叫随到的密友也有一大堆，但有一天，你遇到点困难，需要向他人借钱度过这个坎。你可能会发现，平日里能说会道、称兄道弟的朋友，要么电话占线，要么理由一堆，而可能某个平日里话不多的多年老友伸出了援助之手。后者就是具有支持力的朋友，如果遇到，一定要珍惜。

支持力不仅仅是一种能力的展现，更是一个人脾气秉性的反映。它要求一个人不仅具备共情力，能够设身处地地理解他人的困境，还要求一个人具有社会兴趣和奉献感，能够勇于承担责任并尽力解决他人面临的问题。正是这样的投入与付出，让一个人的支持力变得更加宝贵。

生活力：会玩的人，才有关系

生活力是人际关系中一股不可忽视的力量，它关乎我们如何经营自己的生活。生活力能帮助我们与周围的人建立更加紧密和深刻的联系。

首先，生活力体现在一个人对生活的热爱与追求上。一个懂得生活的人一定是会玩的人。现在成年人的生活都过于单调乏味了，工作日三点一线地上班，休息日抱着手机躺平，是大多数成年人的生活状态。一个会玩的人能够发现并珍惜生活中每一个美好的瞬间，无论是清晨的第一缕阳光，还是夜晚的满天繁星。能带动周围的人一起把生活过得多姿多彩，这本身就是很让人羡慕的能力。

其次，生活力还体现在一个人的创造力与审美力上。一个会生活的人懂得如何运用自己的智慧和想象力，将平凡的日子过成诗。他们善于创造惊喜与浪漫，让生活的每一个角落都充满了趣味与格调。同时，他们还拥有敏锐的审美力，能够发现并欣赏生活中的美，无论是艺术品的鉴赏，还是家居的布置、厨艺，都能体现出他们独特的品位与格调。与有生活力的人交朋友是一件十分有趣且充满惊喜的事。

思维力：谁不希望身边有个"超级大脑"

思维力强的人往往拥有独特的视角和深刻的洞察力。他们能从纷繁复杂的信息中抽丝剥茧，直击问题的本质。当你有解不开的惑向他们求助时，他们总能为你点拨一二，提供性价比很高的解决方案。有个这样的朋友，我们才会体会到满满的安全感。

那么，如何从支持力、生活力、思维力这三方面来提升我们在关系中的稀缺价值呢？

第一，深化支持力：积极助人，成为可靠后盾。

你不能成为滥好人，但一定要成为几个人关系梯度里的前三位。同理，你也无须成为一个处处都有好人缘的人，但一定有那么几个生死之交。

当你梳理完自己的关系梯度，接下来就该有侧重地运营了。对于自己生命中的前三位，真心相待。在对方需要时，不仅提供情感上的慰藉，更要力所能及地给予实质性的帮助，比如分享资源、提供建议或解决问题，与之建立长期的支持关系，不仅在顺境时相伴，更在逆境中不离不弃，成为对方可以信赖的依靠。

第二，发展生活力：培养独特爱好，成为会玩的。

练习让自己成为偶尔"不务正业"的人，培养适当的健康爱好，无论是艺术、运动、旅行、唱歌、烹饪都可以，尝试着让自己的生活拥有赚钱工作之外的快乐。

你也可以通过社交平台、聚会或日常交流，将自己的生活美学传递给身边的人，激发他人对生活的热爱和向往。

第三，扩大影响力：精准混圈子，建立高质量人际关系。

根据自己的职业规划和个人兴趣，选择性地加入相关社群或组织，与志同道合的人建立联系。

在圈子中主动分享自己的见解、经验和资源，为他人提供帮助和支持，树立专业形象和影响力。定期与圈内人士保持联系，关注他们的动态，适时提供帮助或寻求合作机会，建立稳固的人际关系。

第四，持续提升思维力：不断学习，保持敏锐洞察力。

保持对新知识、新技能的好奇心和学习热情，通过阅读书籍、参加课程、在线学习等方式不断充实自己。

学会独立思考和批判性分析，不盲目接收信息，而是通过自己的理解和判断来形成观点。

尝试将不同领域的知识和技能进行融合，创造出新的解决方案，展现你的创新能力和独特价值。

第五，强化情感联结：真诚待人，建立深厚情感基础。

与他人交往时保持真诚和坦率，表达自己的真实想法和感受，建立基于信任的沟通桥梁。

对他人的帮助和支持表示感激和认可，用积极的语言和行动来强化彼此之间的情感联系。

鼓励和支持身边的人追求自己的梦想和目标，与他们共同成长和进步，建立深厚的情感基础和长久的友谊。

通过这五个方面的努力，你可以不断提升自己在关系中的稀缺价值，成为他人眼中值得信赖、有趣且富有智慧的伙伴。

第四节 ｜ 什么样的女人才算得上"大女主"

"大女主"并非只指出身优越或容颜姣好的女性，这些特质只是加分项，而不是决定项。"大女主"指的是在那些生活中的中坚者与胜利者，她们不论在情场还是职场中都如钻石般耀眼。

"大女主"的五大特征

"大女主"有五个显著特征：

第一，拥有始终关注自我的精神力量。

第二，不局促，举手投足间始终从容不迫。

第三，注重自我意愿。不论和谁交往，都保持着主

动权。

第四，情绪稳定，不大起大落。

第五，衣着装扮得体、大气。

"大女主"们的成功各不相同，但她们的特质却有相似之处。如何获得这些特质，并让这些特质在自己身上发挥作用，是每一个女性都应该努力的方向。

拥有始终关注自我的精神力量

一个人对自己的认知影响着外界所有人对他的态度。

举一个真实的案例：女生小月，28 岁，她的个人条件虽说不够优越，但也绝对不算差，但她一直不够自信。小月相亲过很多次，次次都失败，每次初见吃饭后都没了下文。她的家人对此很不满，一直用言语攻击她、贬低她。

最开始的时候，小月还在为自己据理力争，可随着相亲失败次数的增加，小月便麻木了。她在这种攻击性语言下变得沉默，而后慢慢习惯了这一切，最终接受了那些贬低的话。她开始自暴自弃，像一个机器人一样任凭别人摆布。在后续的相亲过程中，小月越发觉得自己不会说话，甚至感觉低人一等，最终形成了恶性循环。这时，外界对小月的评价是："啊，这个姑娘啊……好像找不到她的什么优点……"

在意识到问题的严重性后，小月接受了心理疏导。她开始渐渐明白了自己的问题所在，继而开始改变自己的信念、肯定自己的价值。她屏蔽一切负面的声音，告诉自己"你是最棒的""你必须自信起来，你有很多优点"。在不断用积极的一面去抵抗消极的一面之后，小月的心理状态逐渐回归健康，举手投足变得自然得体，别人开始以平等和尊重的态度对待她。

一段时间后，小月虽说没有实现整个人的脱胎换骨，但还是取得了很多阶段性的成果，比如不再一味接受家人安排的相亲，被别人评价时也不再不敢反驳。现在看上去，小月还是小月，工作和感情也仿佛都没有什么变化，但她已经不再是从前的她了。

信念对自身的影响极大。如果你对自己有着积极的、坚定的信念，你就会展现出很强的生命力。

想一下你的内在价值有哪些？学着去肯定它们、表现出它们。

不局促，举手投足间始终从容不迫

想保持高姿态，首先要自信。

"大女主"能够有效感知自我，她的心态从容且自信。明确知道自己喜欢自己、相信自己，对自己的行动胸有成竹。当发生意外时，"大女主"有足够的勇气应对并及时掌控事态的发展。这种心态是一种信念，一个女生是否具有吸引力，取决于她是否具有这种信念。因为一个人的信念决定他的行为，而一个人的行为会影响周围人对他的看法。有了这种信念，才会做出正确的举动，从而实现自己的追求。

在生活中，我们总是难免会遇到负面评价，这时我们

要做的不是在阴影中沉溺，而是及时改进自己的不足，放大自己的长处。那么，如何利用自己积极的一面去抵抗自己消极的一面，从而保持心理健康的状态呢？

一个行之有效的方法是：找一个能让你静下来的场合，拿出一张纸，在左侧写下你的所有闪光点以及你喜欢自己的原因，在右侧写下所有不足以及你讨厌自己的原因。写完后，分别阅读两侧的内容，这一阅读的过程实际上就是连接自己内心的过程，你要用心感知这一过程中自己情绪的变化。

之后，你要忘记自己的缺点与不足，和它们说再见，继而只聚焦于你的优点。你需要不断坚定自己的信念，认同自己的闪光点，让自己进一步爱上自己。

从今往后，你给自己的评价都需要是积极的。在书写自我的时候尽量使用一般现在时，比如说"我很好看""我很勇敢""我很努力"。语言一定要直接，越直接越好，这样利于信念的养成。如果你愿意，可以用声音记录下这一过程，每晚拿出来听一听，甚至可以让这种声音作为你的入睡陪伴音。久而久之，这些积极因素便会不自觉地渗透进你的意识中，你就真的会变成一个积极自信的人。

当你变得足够自信时，你就能成为一个具有高姿态的人。

关注自我意愿，不论和谁交往，都保持着主动权

什么叫作主动？**主动不是什么事都要争抢，而是做事情有主见，**比如你的同事约你出去吃饭，你如果说"那我们吃什么""吃什么你定吧"，就意味着你丧失了主动权。如果说"好啊，我们去楼下的那家川菜馆吃饭吧"，这便叫掌握了主动权。

当你与人沟通时，只需自然地讲出自己的想法即可。**说话请多使用陈述句，而不是疑问句，这样能够起到引导对方的作用。**

如果你想让你的陈述更加具有说服力，那就试着加上

"因为……所以……"的句式，比如："因为那家川菜馆人气非常高，很多朋友都向我推荐过，正好我们都没有吃过，所以不妨我们就去那儿吃吧。"

多在这些生活中的小事中掌握主动权，做事时才会果断，从而促使你变得更加有主见。当你对这套流程有了足够的适应力和信心的时候，未来在处理更棘手、更严峻、更有压力的问题时，你便能够自然而然地掌握主动权。

女生想要保持自己的吸引力，想要得到他人的尊重，必须自己有主见。总说"听你的"这种话的女生很难成为"大女主"，这样的女生更可能处于一种附属状态。只有拥有了主动权，才能摆脱被支配或被动的命运。

修炼高姿态的 3 个原则是：

第一，当你与他人在做某种决定的时候，直接说出自己的决定，同时说出陈述性的理由，不要问太多问题。比如你和对方相约下周二一同逛街，但是对方放了你的鸽子，你无须问对方怎么了，你只需要说"好的，除了下周二我没有空闲时间了，那我们以后有机会再见吧"。

第二，不要交出做决定的权利，只给出选择。比如，你和几位朋友计划周末聚会，作为活动的发起人，你不要直接决定会议的内容，而要准备几个建议，比如去郊外野餐，看一场电影或参观一个艺术展览，你可以说："大家觉得哪个更有趣呢？"

第三，要带领对方做事。比如你可以说"我饿了，我带你去吃点儿东西吧""我们去喝咖啡打发一下时间吧"……要知道，主动权不是天生的，而是自己争取来的，是通过日常一点一滴的小事积攒起来的。

学会主动，你也可以成为一个"大女主"。

情绪稳定，不大起大落

情绪从不大起大落，也从不拘谨局促。

在社交场合中，总会有一群人比另外一群人更加从容与放松。而你会发现，这些人的从容与放松会使他们自带气场，散发出巨大的吸引力和魅力。抛开地位和身份不谈，这些人能够在各种场合中都做到情绪稳定，处变不惊，这就是一种能力。

要想在面对任何人和任何场合时都让自己保持松弛感并不难，通过适当的练习，我们都能掌握这种能力。

想做到不紧张，首先就要想办法找到能让自己放松的抓手。人之所以会紧张，大多是因为对环境不熟悉。如果你在某一环境中觉得无所适从，那么你可以找一个熟悉的人聊天。如果没有认识的人，你也可以自己听听音乐。当你的情绪和环境融为一体时，自然就会呈现放松的状态。

当和别人发生视线上的交流时，不要躲闪、不要游移，不要低头、不要排斥。在眼神的交流中谁表现得更自然，谁就能呈现出高姿态。与人交谈也是一样，如果一个女生在聊天时表现得非常拘谨，那么她几乎不可能吸引到对方。如果有人和你搭讪，即便对方的条件非常优越，你也不要露怯，不要觉得自己处于低位。因为如果对方能找你搭讪，说明你的条件一定也不差。

如果你对对方很感兴趣，请不要在一开始就对他有太多"滤镜",更不要暴露自己的局促和紧张。**你的局促感源于露短的恐惧,因为你害怕在别人面前暴露自己的弱点,于是总是下意识地选择掩盖,自然而然就表现出了局促。**你的沉默和拘谨是一种藏拙的方式。但是,对自己很有信心的人是不介意把真实的自我暴露出来的。

在这种时候,你可以设立一个能够达成的简单目标,比如简单聊几句之后就先停止交谈,而后自然地转身离开,有时不过分主动,反而会增加你的吸引力。

有一个办法可以有效改善你的紧张:拿出一张纸,写出会让你感到紧张的事情,然后再给自己几条有效建议,最后去践行即可。不要害怕,否则你永远无法进步。比如你见到异性就脸红,那么你可以让自己多接触异性;比如你非常"社恐",那么你可以尝试让自己多参加一些社交活动。

这种方法并不能一蹴而就,它的成果是慢慢显露的。你只需要循序渐进去做即可,最后必定成效显著。

不要把注意力放在"追求完美"上,而是要把精力放

在"**不断进步**"上。你每一次的小进步都能激发你的信心。

衣着打扮得体、大气

大方得体的女人是有吸引力的，纵观所有的"大女主"，几乎无一不落落大方。

一个人的衣着在一定程度上左右着别人对他的价值判断。对于萍水相逢的初见者而言，衣着就像你的简历。想让别人对你的第一印象好，你需要在装扮上下功夫。

你必须找到适合你的着装风格。如果你的性格很保守，就不要穿得太花枝招展；如果你的性格非常有活力，就不要穿得太死气沉沉。

如果你的装扮过于普通，朴素到没有任何新意，淹没在人群中后完全不会被人注意到。那么你可以尝试着在衣着上加一些小细节，比如系一条丝巾或佩戴一枚胸针。

"大女主"并不只存在于影视文学作品中，只要能做到以上五点，你就可以成为一个不折不扣的"大女主"。

第五节 | 想要让生活恣意快活，需要获取"自由感"

有些人认为"自由感"和"亲密关系"相互矛盾，这是一个误区。**自由感与亲密关系完全不冲突，"自由感"是亲密关系的一个重要出口。**

当一个人在有能力单身的基础上还选择了亲密关系，说明这段关系中的伴侣是那个"对的人"，是真正值得自己守护的对象。

亲密关系的选择建立在"我即便一个人生活也无所谓"的思想基础之上，而不是建立在"害怕孤独"的错误观念之上，后者只会让一个人失去自由，继而被迫徘徊在一段错误的关系之中。

有自由感的亲密关系是以随时有勇气离开对方为前提

的。**你只有不怕离开，才能按自己想要的方式进行生活，也才能因此构建更加舒服的关系。越不怕对方离开，越能得到对方的尊重**。这种"不怕离开"指的是真正的有魄力，而非装腔作势。夫妻吵架时，经常会有一方把"离婚"这件事当作筹码挂在嘴边，其实这样的威胁是花拳绣腿，对方一眼就能看出端倪。真正的坚定不同于虚假的威胁，是能让对方产生失去的恐惧的。

弄清你的人生框架

人生的框架，决定了你觉得自己是谁，以及你应该怎样度过你的一生。

有的人觉得人生就是要赚很多的钱，有的人觉得人生就是要看很多的风景，有的人觉得平淡健康就是生活……这些都是不同人生的不同框架。

你需要弄清自己的人生框架，需要明白亲密关系在你的人生当中占据着怎样的位置。

如果你得不到答案，那么可以问问自己：什么样的人生是你觉得最舒服的？你觉得自己走向成功的障碍是什么？现在的人生和你理想中的人生相比落差在哪里？想明白这些后，你的人生框架便能够得到有效建构，也只有这样，你才能在后续生活中获得自由感。

　　在生活中，你需要让自己的思维更加松弛，需要给自己更多的选项。

　　"我要有很多很多的爱，如果没有的话，我就要很多很多的钱，如果还没有，那我就要健康。"这，就是一种有弹性的想法。

　　心理学把缺乏松弛的心理状态叫作"绝对化心理"，这是一种存在很大局限的认知方式。思维紧绷的人更容易产生强烈的情绪反应，也更容易怀揣极端的想法，如"我绝对不能离婚，肯定没有人要二婚的人""我现在不结婚，以后老了就没有人要我了"这种判决式的偏激想法就是绝对化的，我们应该极力摒弃它们。

　　面对事情时，你的观念弹性越大，收获的自由就越多。

当你的想法变得有弹性的时候，你自身的压力就会减轻很多。

让自己多做做白日梦。你可以设想几种完全不同的人生。试着思考：你在平行时空中会生活成什么样子？在平行时空中，你没有和现在的伴侣在一起，也没做现在的工作，那么你会去哪里？又会以怎样的状态生活呢？

思考这些会让你明白：虽然你现在过得很不错，但是换一种人生依然也能过得精彩。

做"白日梦"的目的是不给自己的人生设限，让自己看到更多的人生可能性。

你需要知道：**你做的每一个决定都只是众多选择中的一个，而不是唯一的选择。你的人生有无数种可能，不要局限于当前这一种。**

你尽管放宽心，不要害怕自由。

自由，只会让你变得更好。